U0927946

“十四五”职业教育国家规划教材

食品类专业教材系列

食品质量安全管理

朱丹丹　姜淑荣　主编

王瑞　杨文博　杨巍巍　副主编

刘术明　江国祥 参编

陈申宽　主审

科学出版社

北京

内 容 简 介

本书以食品企业质量安全管理所需要的知识为核心，对食品质量安全管理的基础理论进行了全面而系统地介绍，内容涵盖了食品企业质量安全管理工作岗位所需要的所有基本常识及方法。项目一质量管理基础，包括质量管理基础知识、质量管理工具、质量管理基础工作；项目二食品质量安全管理基础，包括食品质量检验管理、食品现场质量管理、食品质量法规与标准、食品安全性评价与食品风险分析；项目三食品质量安全管理体系，包括质量管理体系、环境管理体系、GMP、SSOP、HACCP、食品安全管理体系、食品安全追溯体系等。

本书是职业教育食品类专业的教学用书，也可供食品行业各层次、各工种不同岗位的人员参考阅读。

图书在版编目（CIP）数据

食品质量安全管理/朱丹丹，姜淑荣主编．—北京：科学出版社，2018.1
（“十四五”职业教育国家规划教材·食品类专业教材系列）
ISBN 978-7-03-054564-0

Ⅰ．①食…　Ⅱ．①朱…　②姜…　Ⅲ．①食品安全-质量管理-高等职业教育-教材　Ⅳ．①TS201.6

中国版本图书馆 CIP 数据核字（2017）第 230977 号

责任编辑：沈力匀 / 责任校对：陶丽荣
责任印制：吕春珉 / 封面设计：耕者设计工作室

科 学 出 版 社 出版
北京东黄城根北街 16 号
邮政编码：100717
http://www.sciencep.com

三河市骏杰印刷有限公司印刷

科学出版社发行　　各地新华书店经销

*

2018 年 1 月第　一　版　　开本：787×1092　1/16
2024 年 1 月第九次印刷　　印张：13
字数：350 000

定价：46.00 元

（如有印装质量问题，我社负责调换〈骏杰〉）
销售部电话　010-62136230　编辑部电话　010-62130750

版权所有，侵权必究

前　言

本书从职业教育的特色出发，以适应生产一线岗位需要为宗旨，以培养高职学生食品质量安全管理的职业技能、职业素质及思想道德品质为目标，在分析职业岗位能力需求的基础上，整合了质量管理与食品安全控制技术的内容，宏观上采用项目结构构建全书的内容体系，以“必需和够用”为度，重点突出食品企业需要的质量及安全监管能力的训练及优秀的职业素养培养，并反映当前食品质量安全监督管理领域的最新发展状态。

全书以食品企业质量安全管理所需要的知识为主线，从基础到专业，从企业需要的质量管理知识到食品企业特有的安全管理，层次分明，内容突出应用，涵盖食品企业质量安全管理工作的各个方面。本书编写形式新颖，以工作任务为核心，将知识学习、技能培养、思政教育融为一体，培养自信自强、守正创新、踔厉奋发、勇毅前行的优秀思想道德品质，坚持为党育人、为国育才，落实立德树人根本任务，培养德智体美劳全面发展的社会主义建设者和接班人。本书是校企合作教材，适应“协同创新、产教融合”的教育理念，涉及多种食品行业 1+X 职业技能等级证书标准内容，可以作为 1+X 职业技能等级考试培训用书，也可以作为食品企业培训用书。

全书共分三个项目，每个项目又分为不同的学习单元及相应的工作任务，由黑龙江旅游职业技术学院朱丹丹、姜淑荣担任主编。黑龙江旅游职业技术学院王瑞编写项目一单元一、单元二；黑龙江旅游职业技术学院杨文博编写项目一单元三、项目三单元七；扎兰屯职业学院江国祥编写项目二单元四；沈阳医学院食品质量与安全教研室主任杨巍巍编写项目二单元一、单元二、单元三；黑龙江旅游职业技术学院朱丹丹编写项目三单元一至单元六，全书由朱丹丹统稿，黑龙江贝因美乳业有限公司总经理刘术明负责提供和整理企业案例及资料，扎兰屯职业学院呼伦贝尔申宽生物技术研究所所长陈申宽主审。

本书教学参考学时为 96 学时，其中理论教学为 64 学时，工作任务为 32 学时。各校可根据实际情况对内容进行取舍。

本书在编写过程中，得到各编者所在院校的大力支持，在此表示衷心的感谢。此外，编者还引用了一些内容和图片，在此谨向有关专家和作者一并表示衷心的感谢。

限于编者的学识和水平，书中难免存在不足，望广大师生和同行随时指正。

目 录

项目一　质量管理基础

项目引入

质量管理是兴企之道，是构成社会财富的关键内容。随着经济和社会的发展，质量管理水平和受重视程度也在不断提高。食品质量管理是为保证和提高食品生产的产品质量或工程质量所进行的调查、计划、组织、协调、控制、检查、处理及信息反馈等各项活动的总称，是食品工业企业管理的中心环节。质量管理基础是食品质量管理的基石，只有掌握了企业质量管理的基本理论，才能更好地管理食品企业，提高食品质量，保障食品安全。

单元一　质量管理基础知识

学习目标

（1）了解质量的概念、特点；产品质量形成的规律。
（2）掌握质量管理的概念、发展历程。
（3）了解全面质量管理。

理论知识

一、质量管理基础

（一）质量

1. 质量

GB/T19000-2016《质量管理体系　基础和术语》中对质量（quality）的定义：质量是客体的一组固有特性满足要求的程度。“质量”可使用形容词来修饰，如：差、好或优秀。“固有”（其对应的是“赋予”）是指存在于客体中。

客体是指可感知或可想象到的任何事物。比如：产品、服务、过程、人员、组织、体系、资源。客体可能是物质的（比如：一台发动机）、非物质的（比如：一个项目计划）或想象的（比如：组织未来的状态）。

特性（characteristic）：是指可区分的特征。

要求（requirement）：是指“明示的、通常隐含的或必须履行的需求或期望”。

（1）“明示的”可以理解为是规定的要求。如在文件中阐明的要求或顾客明确提出的要求。

（2）“通常隐含的”是指组织、顾客和其他相关方的惯例或一般做法，所考虑的需求或期望是不言而喻的。例如，食品中不能含有有毒物质等。一般情况下，顾客或相关方的文件（如标准）中不会对这类要求给出明确的规定，供方应根据自身产品的用途和特性进行识别，并做出规定。

（3）“必须履行的”是指法律法规要求的或有强制性标准要求的。如食品安全法、食品安全国家标准等，供方在产品的实现过程中必须执行这类标准。

（4）要求可以由不同的相关方提出，不同的相关方对同一产品的要求可能是不相同的。例如，对食品来说，顾客要求色、香、味、营养等，销售方要求便于运输、贮存、易于销售等。组织在确定产品要求时，应兼顾各相关方的要求。

要求可以是多方面的，当需要特指时，可以采用修饰词表示，如产品要求、质量管理体系要求、顾客要求等。

2. 质量特性

质量特性是指与要求有关的客体的固有特性。固有意味着本身就存在的，尤其是那种永久的特性。赋予客体的特性（比如：客体的价格）不是它们的质量特性。不同种类的质量特性如下：

1）有形产品的质量特性

（1）功能性。产品满足使用要求所具有的功能，包括外观功能和使用功能。

（2）可信性。可信性包括可用性、可靠性、维修性和保障性等。

（3）安全性。安全性是指产品服务于顾客时保证人身和环境免遭危害的能力。

（4）适应性。适应性是指产品适应外界环境（自然环境、社会环境）变化的能力。

（5）经济性。经济性是指产品对企业和顾客来说经济上是合理的。

（6）时间性。时间性是指在数量上、时间上满足顾客的能力。

2）服务质量的质量特性

（1）功能性。功能性是指服务的产生和作用。

（2）经济性。经济性是指为了得到服务，顾客支付费用的合理程度。

（3）安全性。安全性是指供方在提供服务时，保证顾客人身不受伤害、财产不受损失的程度。

（4）时间性。时间性是指提供准时、省时服务的能力。

（5）舒适性。舒适性是指服务对象在接受服务的过程中感受到的舒适程度。

（6）文明性。文明性是指顾客在接受服务过程中精神满足的程度。

3）过程质量的质量特性

（1）开发设计过程质量。

（2）制造过程质量。

（3）使用过程质量。

（4）服务过程质量。

4）工作质量的质量特性

工作质量是指部门、班组、个人对有形产品质量、服务质量、过程质量的保证程度。良好的工作质量取决于正确的经营、合理的组织、科学的管理、严格可行的制度和规范，操作人员的质量意识和知识技能等因素。

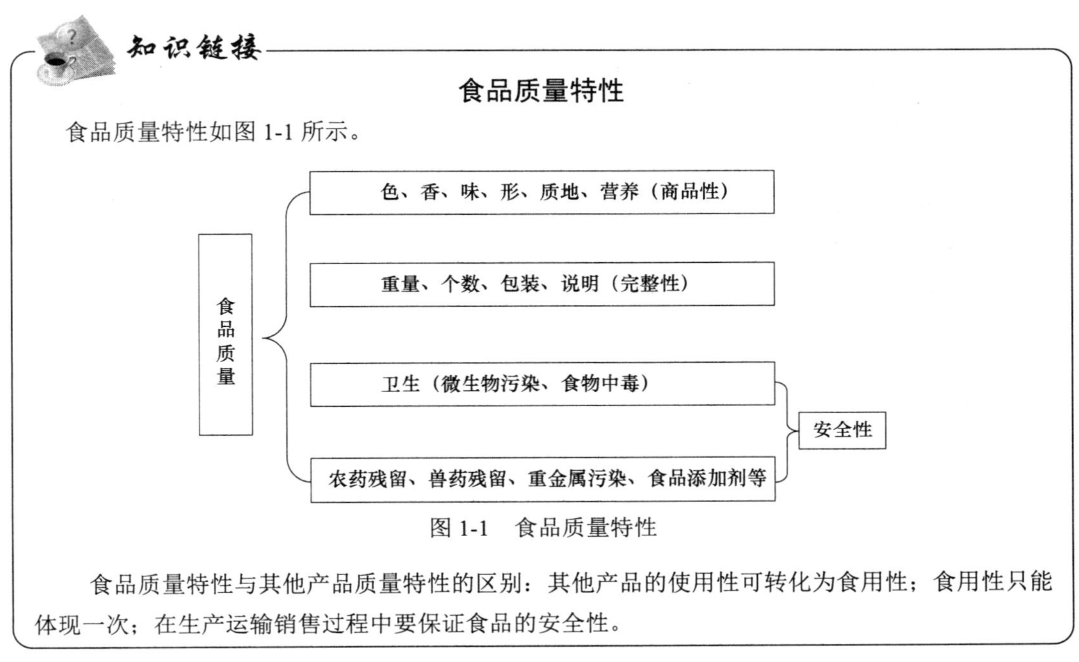

食品质量特性

食品质量特性如图 1-1 所示。

图 1-1　食品质量特性

食品质量特性与其他产品质量特性的区别：其他产品的使用性可转化为食用性；食用性只能体现一次；在生产运输销售过程中要保证食品的安全性。

3. 产品质量的形成规律

1）朱兰质量螺旋（Juran quality spiral）

美国质量管理专家 J. M. Juran 提出产品质量形成的质量螺旋模型图。如图 1-2 所示。他认为产品质量的提高发展过程是循环往复的过程，经过一轮循环，质量提高一步。产品质量是产品实现全过程的结果，过程中的每一个环节，即质量职能都直接或间接地影响产品的质量。其中人的质量以及对人的管理是过程质量和工作质量的基本保证。

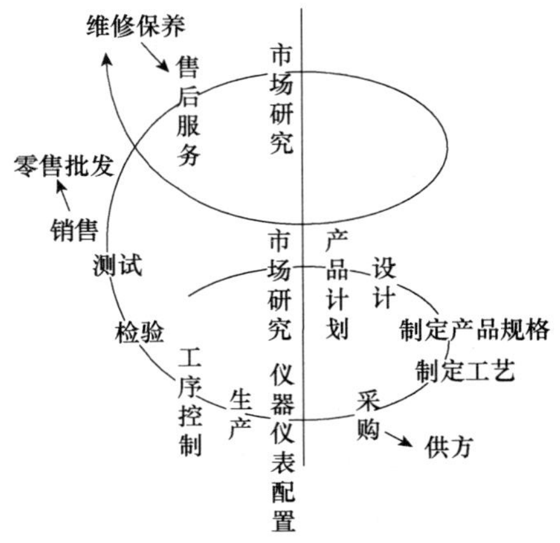

图 1-2　朱兰质量螺旋模型

朱兰的质量螺旋有着相当丰富的内涵，产品质量的全过程管理可以概括为三个管理环节：质量策划、质量控制和质量改进，通常称之为“朱兰三步曲”。质量策划、质量控制和质量改进这三个过程中，每个过程都包含一系列活动，如表 1-1 所示。

表 1-1 朱兰三步曲活动内容

质量策划	质量控制	质量改进
确定顾客（外部的和内部的）	选择控制点，确定控制内容	指明改进的特定目标
明确顾客需求	选择测量单位	组织项目团队
开发具有满足顾客需求特性的产品	设置测量，建立性能标准	发现原因，找出补救措施
建立产品目标	测量实际性能	证明措施的有效性
开发过程满足产品目标	解释区别（实际和标准）	议论文化障碍
证明过程能力	采取纠正措施	对取得的成果采取控制程序

2）戴明循环（Deming circle）

戴明循环或称 PDCA 循环、PDSA 循环。戴明循环研究起源于 20 世纪 20 年代，有“统计质量控制之父”之称的著名的统计学家沃特·阿曼德·休哈特（Walter A. Shewhart）在当时引入了“计划—执行—检查（plan-do-see）”的概念，戴明后将休哈特的 PDS 循环进一步发展成为：计划—执行—检查—处理（plan-do-study-act）。

戴明循环是一个质量持续改进模型，它包括持续改进与不断学习的四个循环反复的步骤，即计划（plan）、执行（do）、检查（check/study）、处理（act）。戴明循环有时也被称为戴明轮（Deming wheel）或持续改进螺旋（continuous improvement spiral）。PDCA 循环作为全面质量管理体系运转的基本方法，其实施需要搜集大量数据资料，并综合运用各种管理技术和方法。其特点如图 1-3、图 1-4 所示。

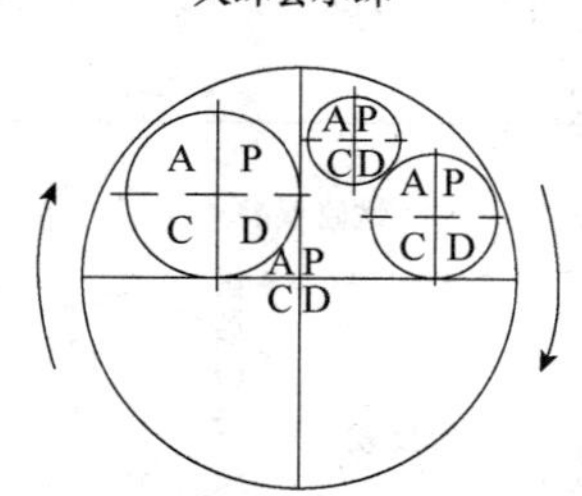

图 1-3 周而复始及大环带小环

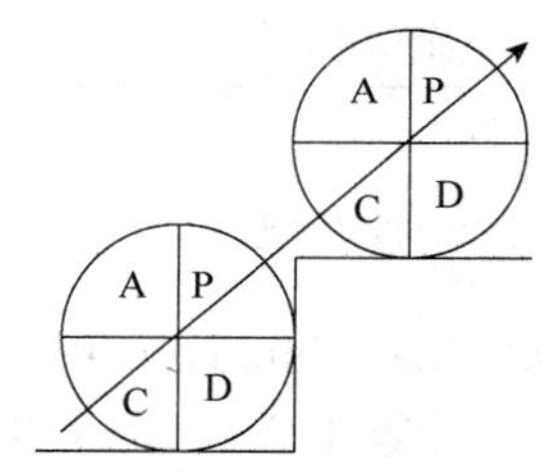

图 1-4 阶梯式上升

3）桑德霍姆质量循环模型（Sandholm quality circle）

瑞典质量管理学家桑德霍姆用另一种表述方式阐述产品质量的形成规律，提出质量循环图模式（图 1-5）。与朱兰质量螺旋相比，两者的基本组成要件极为相近，但桑德霍姆模型更强调：企业内部的质量管理体系与外部环境的联系，特别是和原材料供应单位及用户的联系。

（二）质量管理

1. 质量管理概念（quality management，QM）

中国质量管理协会定义：质量管理是为保证和提高产品质量或工程质量所进行的调查、计划、组织、协调、控制、检查、处理及信息反馈等各项活动的总和。

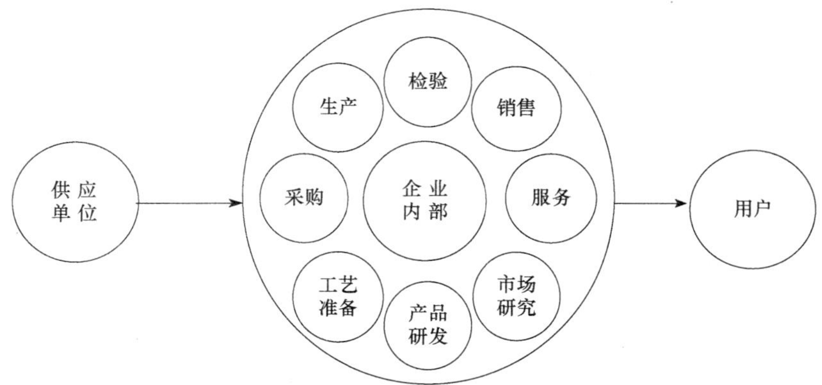

图 1-5　桑德霍姆质量循环模型

GB/T19000-2016《质量管理体系　基础和术语》中对质量管理的定义：质量管理是指关于质量的管理。质量管理可包括制定质量方针和质量目标，以及通过质量策划、质量保证、质量控制和质量改进实现这些质量目标的过程。

1）质量方针（quality policy）

质量方针是指由组织的最高管理层正式发布的该组织总的质量宗旨和质量方向。

质量方针是企业质量政策，是全体人员质量活动的根本准则。

2）质量目标（quality objective）

质量目标是根据组织的质量方针制定的要实现的结果。其具有如下特征：

（1）适应性。与质量方针保持一致。

（2）可测量。可衡量性，方针可以原则一些，但目标必须具体。

（3）分层次。组织、部门、员工各自制定质量目标。

（4）可实现。某个时间段内经过努力能达到的要求。

（5）全方位。包括组织上的、技术上的、资源方面的以及为满足产品要求所需的内容。

3）质量管理体系（quality management system）

质量管理体系是指管理体系中关于质量的部分。

管理体系是指组织建立方针和目标以及实现这些目标的过程的相互关联或相互作用的一组要素。一个管理体系可以针对单一的领域或几个领域，如质量管理、财务管理或环境管理。管理体系要素规定了组织的结构、岗位和职责、策划、运行、方针、惯例、规则、理念、目标，以及实现这些目标的过程。管理体系的范围可能包括整个组织，组织中可被明确识别的职能或可被明确识别的部门，以及跨组织的单一职能或多个职能。

4）质量策划（quality planning）

质量策划是质量管理的一部分，致力于制定质量目标并规定必要的运行过程和相关资源以实现质量目标。

质量策划属于“指导”与质量有关的活动，也就是“指导”质量控制、质量保证和质量改进的活动。是质量管理活动中不可或缺的中间环节，是连接质量方针和具体的质量管理活动之间的桥梁和纽带。

质量策划包括以下几个方面：

（1）集中、比较顾客的质量要求。

（2）向管理层提出有关质量方针和质量目标的建议。

（3）从质量和成本两方面评审产品设计，制定质量标准，确定质量控制的组织机构、程序、制度和方法。

（4）制定审核原料供应商质量的制度和程序。

（5）开展宣传教育和人员培训活动等工作内容。

5）质量控制（quality control，QC）

质量控制是质量管理的一部分，致力于满足质量要求。质量控制的目的在于监视过程，使之处于受控状态，并排除质量环节所有手段中导致不满意的原因，是预防不合格产品发生的手段和措施。

质量控制一般采取以下程序：

（1）制定质量控制的计划和标准。

（2）实施质量控制计划和标准。

（3）监视过程和评价结果，发现存在的质量问题及其成因。

（4）排除不良或危害因素，恢复至正常状态。

6）质量保证（quality assurance，QA）

质量保证是质量管理的一部分，致力于提供质量要求会得到满足的信任。

质量保证可分为内部质量保证和外部质量保证两种类型。内部质量保证取信于本组织的管理层，外部质量保证取信于需方。

7）质量改进（quality improvement）

质量改进是质量管理的一部分，致力于增强满足质量要求的能力。质量改进的对象是方方面面的，涉及组织质量管理体系、过程、产品。所以，需识别改进项目和关键质量要求，要分清主次。

2. 质量管理的发展历程

1）质量检验阶段

质量检验作为一种科学的管理方式，始于20世纪30年代，主要代表人物是美国工程师、科学管理的创始人泰罗（F. W. Taylor），其主要贡献是：将检验作为一种管理职能从生产过程中分离出来，建立专职检验制度；包括设立专职的检验人员、检验机构。制定检验的基本依据——技术标准。

1924年，美国贝尔电话研究所的休哈特（W. A. Shewhart）博士提出了“预防缺陷”的概念。他认为质量管理除了检验外，还应做到预防质量问题发生，解决的方法就是采用他所提出的控制图。与此同时，同属于美国贝尔电话研究所的道奇（H. F. Dodge）和罗米格（H. G.Rommig）又共同提出，在破坏场合采用“抽样检验表”，并提出第一个抽样检验方案。质量检验阶段一直延续到20世纪40年代。

2）统计质量管理阶段（SQC阶段）

统计质量管理形成于20世纪40～50年代，主要代表人物是美国贝尔电话研究所的休哈特（W. A. Shewhart）博士、道奇（H.F.Dodge）和罗米格（H. G. Rommig）等。它利用数理统计原理预防产生废品并检验产品质量，在方式上由专职检验人员转到由专业质量控制工程师和技术人员承担。这标志着由事后检验的观点转变为防止质量事故的发生并事先加以预防的概念，使质量管理工作前进了一大步。

在统计质量管理的发展过程中，美国的质量管理专家戴明（W. E. Deming）博士，以及世界上的众多学者都做出许多贡献，在实践中也取得显著的成果。

3）全面质量管理阶段（TQM 阶段）

全面质量管理阶段的理论提出于 20 世纪 60 年代，至今仍在不断发展和完善之中，其主要代表人物是美国质量管理专家费根堡姆（A. V. Feigenbaum）、朱兰（J. M. Juran）等。他们提出全面质量管理的思想，或称“综合质量管理”。全面质量管理阶段的标志是把企业的经营管理、数理统计技术手段与现代化科学技术密切地结合起来，建立一套质量体系，以保证经济地生产出满足用户要求的产品。

3. 食品质量管理

食品质量管理是质量管理的理论、技术和方法在食品加工和贮藏工程中的应用。

食品是一种与人类健康有着密切关系的特殊的有形产品，它既符合一般有形产品质量特性和质量管理的特性，又具有其独有的特殊性和重要性。因此食品质量管理也有一定的特殊性。

（1）食品质量管理在空间和时间上具有广泛性。食品质量管理在空间上包括田间、原料运输车辆、原料贮存车间、生产车间、成品贮存库房、运载车辆、超市或商店、运输车辆、冰箱、再加工、餐桌等环节的各种环境。

时间上食品质量管理包括三个主要的时间段：原料生产阶段、加工阶段、消费阶段，其中原料生产阶段时间特别长。

（2）食品质量管理的对象具有复杂性。食品原料包括植物、动物、微生物等；许多原料在采收以后必须立即进行预处理、贮存和加工，稍有延误就会变质或丧失加工和食用价值；原料大多为具有生命机能的生物体，必须控制在适当的温度、气体分压、pH 等环境条件下，才能保持其鲜活的状态和可利用的状态；食品原料还受产地、品种、季节、采收期、生产条件、环境条件的影响，这些因子都会很大程度上改变原料的化学组成、风味、质地、结构，进而改变原料的质量和利用程度，最后影响到产品质量。

（3）在有形产品质量特性中安全性放在首位。2000 年在日内瓦召开的第 53 届世界卫生大会首次通过了有关加强食品安全的决议，将食品安全列为世界卫生组织的工作重点和最优先解决的领域。

（4）在食品质量监测控制方面存在着相当难度。食品的质量检测则包括化学成分、风味成分、质地、卫生等方面的检测。一般来说，常量成分的检测较容易，微量成分的检测就要困难一些，而活性成分的检测在方法上尚未成熟。

（5）对产品功能性和适用性有特殊要求。食品功能性除内在性能、外在性能外，还有潜在的文化性能。消费者对一种食品的热情不会持续很久，对口味的要求经常发生变化，因此食品质量管理必须不断地进行市场调查，及时调整工艺参数，提高产品的适应性。部分食品仅仅针对部分特殊人群，如婴幼儿食品、孕妇食品、老年食品、运动食品等。特殊食品质量管理一般比普通食品有更严格的要求和更高的监管水平。

二、全面质量管理

全面质量管理理论的诞生，是质量管理发展历史中光辉的里程碑。随着全面质量管理理论在世界范围内的传播、应用和发展，它的思想、原理和方法对于各国质量管理的理论研究和实际应用的指导价值已得到充分的证实。全面质量管理是当今世界质量管理最基本、最经典的理论。

各国在推行全面质量管理的过程中由于国情不同，其认知和做法也有所不同，但其核心是基本一致的。在国际社会中，对全面质量管理较规范的称呼是 TQM 和 TQC（total quality control），目前使用最广泛的是 TQM。

（一）全面质量管理概念

全面质量管理是以质量为中心，以全员参与为基础，目的在于通过让顾客满意和本组织所有者、员工、供方、合作伙伴或社会等相关方收益而达到长期成功的一种管理途径。全面质量是包括组织内部全过程、所有部门和全员的质量。把实施全面质量管理作为一项长期、动态的战略系统工程，是质量管理引向系统化、规范化、群众化的深入发展的管理体制。

全面质量管理高度重视提高人的素质，在质量管理涉及的六大因素 5M1E，即人（操作者）、机（机器设备）、料（原材料）、法（工艺、方法）、测（测量）、环（工作环境）中，人处于中心地位。人的工作质量是一切过程质量的保证。一个高素质的管理核心和一支高素质的员工队伍是组织最宝贵的资本，也是全面质量管理得以成功的关键所在。

（二）全面质量管理的特点

全面质量管理的理论内涵，具有以下基本特点：

（1）全面质量管理是一种管理途径，既不是某种狭隘的概念或简单的方法，也不是某种模式或框架。

（2）全面质量管理强调一个组织必须以质量为中心来开展活动，其他管理职能不可能取代质量管理的中心地位。

（3）全面质量管理必须以全员参与为基础。不仅要求组织中所有部门和所有层次的人员都要积极认真地投入到各种质量活动中，同时要求组织的最高管理者坚持强有力的和持续的领导、组织、扶持以及有效的质量教育和培训工作，不断提高所有员工的素质。

（4）全面质量管理强调一个组织的长期成功，而不是短期的效益或哗众取宠的市场效应。

（三）全面质量管理的要求

1. 全过程的质量管理

全过程的质量管理包括从市场调查、产品设计、产品生产、销售直到售后服务等过程的质量管理。全面质量管理体现预防为主、不断改进的思想，还要求体现为顾客服务的思想。

2. 全员的质量管理

全面质量管理是必须要求企业全体人员参加的质量管理。要实现全面质量管理必须抓好全员的质量教育和培训。要制定各部门、各级各类人员的质量责任制，要开展多种形式的群众性质量管理活动。

3. 全企业的质量管理

全企业的质量管理就是要求企业各管理层次都有明确的质量管理活动内容。为了有效地进行质量管理，就必须加强企业各部门之间的组织协调，最终建立起全企业的质量管理体系。

4. 多样化的质量管理

全面质量管理包括各种专业技术和管理方法的全面综合运用。

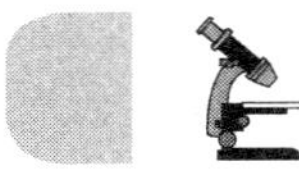

工作任务

某企业质量方针、质量目标的制定

【任务目标】请参照相关资料制定自己企业的质量方针及质量目标。

【要求】方针要求准确、全面、合理，具有应用价值；质量目标要求包括短期、长期目标，目标要有可实施性。

【说明】

（1）在仔细阅读工作任务要求后，回答引导问题。如果有需要可运用媒体工具作为辅助措施。这些伴随的提问涉及了对于这个工作任务重要的知识领域。

（2）按照工作流程制定质量方针、质量目标的草案。

（3）请与指导老师讨论引导问题及任务草案。

（4）修改任务草案，并完成质量方针及质量目标的制定。

【引导问题】

（1）你是否知道质量管理的内涵？

（2）你是否了解质量方针、质量目标的内涵？

（3）你是否能区分质量方针和质量目标？

（4）你是否知道质量方针及质量目标制定的基本步骤？

以上问题如果回答不是，请认真查阅本书及参考资料，收集一些食品企业的相关资料。

一、工作流程

制定工作计划→本书及参考资料的认知→引导问题的回答→进行企业质量方针及质量目标的调查或网上查询→质量方针及质量目标草稿的制定→与指导教师讨论→修改草稿→任务完成→检查评估。

二、参考资料

1. 质量方针举例

（1）某酒厂的质量方针：紧紧围绕国内外市场，不断开发新产品，改善老产品，改进服务；各项指标达到用户高度满意，永保行业领先。

（2）某生物化学技术公司的质量方针：科学管理，技术创新，以人为本，顾客满意。

2. 质量目标举例

2015 年，桑普生化公司的质量目标：新产品或工艺改进每年不少于六项；产品一次检验合格率高于 95%；人员培训普及率达 100%；顾客满意度大于 90%。

3. 质量方针与质量目标制定的注意事项

（1）质量方针为制定质量目标提供框架，是制定质量目标的基础。

（2）目标框架不宜太大。如“质量卓越”“质量一流”，对于“卓越”“一流”，没有明确的含义，制定什么样的目标算是“卓越、一流”，说不清楚。

（3）年度质量目标应根据 3～5 年较长远的质量目标进行分解，形成当年的质量目标。有些组织当年的质量目标和较长远的质量目标没有什么联系，年度质量目标和较长远的质量目标不一致，或者年度目标值比长远的质量目标值还要高，使得较长远的质量目标对年度目标的制定没有意义，而年度质量目标对较长远的质量目标起不到支撑的作用。

一个组织如果制定了较长远的质量目标，在制定年度质量目标时就要考虑和长远的质量目标相适应，若长远的质量目标不合适，就要及时修改长远的质量目标，不能把制定出的长远的质量目标放在质量手册中束之高阁。

三、检查评估

工作任务完成后填写工作任务检查评估表（表 1-2）。

表 1-2　工作任务检查评估表

班级 ________　姓名 ________　学号 ________　小组 ________　时间 ________

<table>
<tr><td rowspan="2"></td><td rowspan="2">能力</td><td rowspan="2">内容</td><td colspan="4">评分</td></tr>
<tr><td>自评（30%）</td><td>互评（30%）</td><td>教师评价（40%）</td><td>合计</td></tr>
<tr><td rowspan="8">能力评测</td><td rowspan="4">专业能力</td><td>能掌握质量管理的基本概念（10 分）</td><td></td><td></td><td></td><td></td></tr>
<tr><td>能区分质量方针及目标（10 分）</td><td></td><td></td><td></td><td></td></tr>
<tr><td>能掌握制定方针和目标的基本步骤（20 分）</td><td></td><td></td><td></td><td></td></tr>
<tr><td>能完成质量方针及质量目标的制定工作（20 分）</td><td></td><td></td><td></td><td></td></tr>
<tr><td rowspan="4">通用能力</td><td>团结协作（10 分）</td><td></td><td></td><td></td><td></td></tr>
<tr><td>分析的能力（10 分）</td><td></td><td></td><td></td><td></td></tr>
<tr><td>学习能力（10 分）</td><td></td><td></td><td></td><td></td></tr>
<tr><td>口头表达能力（10 分）</td><td></td><td></td><td></td><td></td></tr>
<tr><td></td><td colspan="2">小计</td><td></td><td></td><td></td><td></td></tr>
</table>

目标检测

单项选择题

（1）下列论述错误的是（　　）。

A．特性可以是固有的或赋予的

B．完成产品后因不同要求而对产品所增加的特性是固有特性

C．产品可能具有一类或多类别的固有特性

D．某些产品的赋予特性可能是另一些产品的固有特性

（2）“物有所值”体现了（　　）。

A．质量的经济性　B．质量的时效性　C．质量的广义性

D．质量的相对性

（3）顾客认为质量好的产品因要求的提高而不再受到欢迎，这反映了质量的（　　）。

A．质量的经济性　B．质量的时效性　C．质量的广义性

D．质量的相对性

（4）质量概念的关键是（　　）。

A．满足要求　B．固有特性　C．必须履行的需求

D．赋予特性

（5）下列各项中（　　）不属于反映产品质量的特性。

A．适用性　B．效率性　C．可信性　D．安全性

（6）下列各项属于固有特性的是（　　）。

A．产品的价格　B．产品的说明书　C．产品的售后服务

D．产品的化学性能　E．产品的交货期

（7）顾客不包括（　　）。
A．委托人　B．相关方　C．零售商　D．消费者

单元二　质量管理工具

学习目标

（1）理解质量管理数据的性质和特征值。
（2）熟悉传统七种质量管理工具的概念和作用。
（3）掌握质量波动的原因及控制方法。
（4）了解质量管理近年来出现的新型管理方法。
（5）能应用质量管理工具解决质量管理中出现的问题。

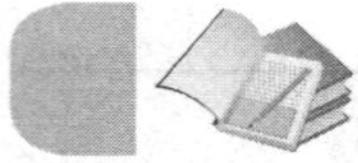

理论知识

一、质量管理数据

（一）质量管理数据的分类

质量管理数据是指某质量指标的质量特性值。质量管理数据是多种多样的，按其性质和使用目的的不同，可分为两大类：计量值数据和计数值数据。

1．计量值数据

计量值数据是可以连续取值，或者说可以用测量工具具体测量出小数点以下数值的这类数据。如长度、压力、温度、密度、糖度、酸度、硬度、时间、营养成分含量、灌装量等。

2．计数值数据

计数值数据是不能连续取值，只能以整数计算的数据。如不合格品数、缺陷数、产品的件数等，属于离散型变量。它一般由计数得到。计数值数据又可分为计件值数据和计点值数据。但以百分数出现的数据由哪一类数据计算所得，就属于哪一类数据。

（1）计件值数据。对产品按件检查时得到的数据。如批产品中的不合格品数（np）、不合格品率（p）、事故件数、质量检测的项目数等。

（2）计点值数据。检查单件产品上质量缺陷时得到的数据。如不合格数、大肠杆菌数、细菌总数、产品表面的缺陷数、单位时间内机器发生故障的次数等。

（二）总体与样本的特征值

1. 总体、个体与参数

（1）总体。总体又叫“母体”是指要分析研究对象的全体。可以是一个过程，也可以是这一过程的结果即产品。总体可以是有限的，也可以是无限的。例如要考察某厂10000 瓶饮料，其总体的数量已限制在 10000 个，是有限的总体。若对该厂过去、现在和将来生产的饮料质量情况进行分析，这个连续的过程可以提供无数个数据，是无限的总体。

（2）个体。个体也叫样本单位或样品，是构成总体或样本的基本单位。如一包奶粉、一个月饼等。总体中所含的个体数叫作总体含量，也称总体大小。通常用 N 表示。

（3）参数。由总体计算的特征数叫参数。如总体平均值、总体标准差。

2. 样本与统计量

（1）样本。样本也叫“子样”。它是从总体中抽取出来的一个或多个供检验的单位产品。样本中所含的样品数目，一般叫样本容量或样本大小。通常用 n 表示。例如从 3000 包奶粉中抽取 10 包奶粉作为样本进行检验，其样本量 $n=10$。样本中所含的每一个个体叫样品。从总体中抽取部分个体作为样本的过程叫作抽样，食品行业通常采取“随机抽样”的方法。

（2）统计量。由样本计算的特征数叫统计量，常用拉丁字母表示。

① 表示样本的中心位置的统计量。

a．样本平均值。其计算公式为

$$\bar{X}=\left(\sum_{i=1}^{n}X\right)/n$$

b. 样本中位数。指把收集到的统计数据按大小顺序重新排列，排在正中间的那个数。当样本量 n 为奇数时，正中间的数只有一个；当 n 为偶数时，正中位置有两个数，此时中位数为正中两个数的算术平均值。

② 表示样本数据分散程度的统计量。

a．样本极差。一组数据中最大值与最小值之差例如：15、5、10、20、45、30、35、40、25 等九个数组成一组，则极差

$$R=x_{\max}-x_{\min}=45-5=40$$

b．标准方差 s^2。计算公式为

$$s^2=\frac{1}{n-1}\sum_{i=1}^{n}\mathrm{n}X_i-\bar{X}\mathrm{n}^2$$

c．样本标准差 s。计算公式为

$$s=\sqrt{\frac{1}{n-1}\sum_{i=1}^{n}\mathrm{n}X_i-\bar{X}\,\mathrm{n}^2}$$

（三）产品质量的波动

任何一个生产过程，总存在着质量波动。影响过程（工序）质量的主要有六个因素（5M1E）：

（1）人（man）。操作者的质量意识，技术水平及熟练程度，身体素质等。

（2）机器（machine）。机器设备的精度和维护保养状况等。

（3）原材料（material）。材料的成分、物理性能和化学性能等。

（4）方法（method）。加工工艺、工艺装备、操作规程、测试方法等。

（5）测量（measure）。测量时采取的方法是否标准、正确。

（6）环境（environment）。工作地点的温度、湿度、照明、噪声和清洁条件等。

质量波动可以分为两大类：正常波动和异常波动。

1. 正常波动

正常波动是由随机因素（偶然因素）引起的，是质量管理中允许的波动。此时的工序处于稳定状态或受控状态。如机器的固有振动、液体灌装机的正常磨损、工人操作的微小不均匀性、原材料中的微量杂质或性能上微小差异、仪器仪表的精度误差、检测误差等。

这种偶然因素是固有的、始终存在；是不可避免的，对质量的影响较小，又难以测量，消除它们成本大，技术上也难以达到。

2. 异常波动

异常波动是由系统因素（异常因素）引起的，是质量管理中不允许的波动。此时的工序处于不稳定状态或非受控状态。对这样的工序必须严加控制。如配方错误、设备故障或过度磨损、操作工人违反操作规程、原材料质量不合格、计量仪器故障等。

这种异常因素是非过程固有、有时存在，有时不存在，对质量波动影响大，常常超出了规格范围或存在超过规格范围的危险。易于判断其产生原因并除去，在经济上是必须消除的。

二、质量管理传统工具

质量管理的传统方法有因果图、排列图、散布图、直方图、调查表、分层法和控制图，通常称为质量管理的七种工具。这七种方法相互结合，灵活运用，可以有效地服务于控制和提高产品质量，可以解决质量管理中的大部分问题。

（一）因果图

1. 因果图的概念和作用

因果图又称鱼骨图（fishbone diagram）、鱼刺图、树枝图，是用于分析质量特性（结果）与可能影响质量特性的因素（所有可能原因）关系的一种工具。

产品质量在形成的过程中一旦发现了问题就要进一步寻找原因，问题的产生往往不是一种或两种原因影响的结果，而常常是多种复杂原因影响的结果。在这些错综复杂的原因中，找出其中真正起主导作用的原因往往是比较困难的，因果图就是能系统地分析和寻找影响质量问题原因的简单而有效的方法，是一种系统分析方法。因果图结构如图 1-6 所示。

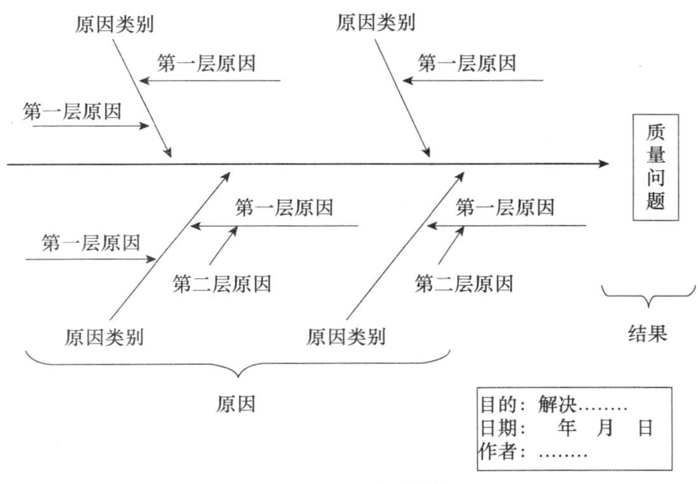

图 1-6　因果图结构

2. 因果图的制作步骤

（1）首先应明确需要分析的质量问题和确定需要解决的质量特性，如产品质量、质量成本、产量、销售量、工作质量等问题。

（2）召集同该质量问题有关的人员参加会议，充分发扬民主，各抒己见，集思广益，把每个人的分析意见都记录在图上。

（3）画一条带箭头的主干线，箭头指向右端，将质量问题写在图的右边，确定造成质量问题的大原因。影响产品质量一般有六大因素（人、机器、材料、方法、环境、测量）。所以经常见到按六大因素分类的因果图。

不同行业、不同的问题应根据具体情况增减或选定因素，把大原因用箭头排列在主干线两侧。然后围绕各大原因分析展开，按中、小原因及相互间原因-结果的关系，用长短不等的箭头线画在图上，逐级分析展开到能采取措施为止。

（4）讨论分析主要原因，把主要的、关键的原因分别用粗线或其他颜色的线标记出来，或者加上框框进行现场验证。

（5）记录必要的有关事项，如参加讨论的人员、绘制日期、绘制者以及其他可供参考查询的事项。

图 1-7 是裱花蛋糕微生物超标因果图完整结构。

（二）排列图

1. 排列图的概念

排列图又称帕累托图（Pareto diagram），全称主次因素排列图，是将质量改进项目

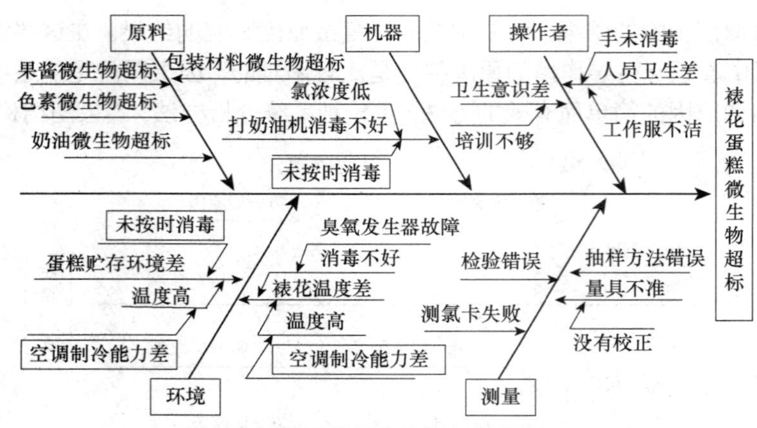

图 1-7　裱花蛋糕微生物超标因果图

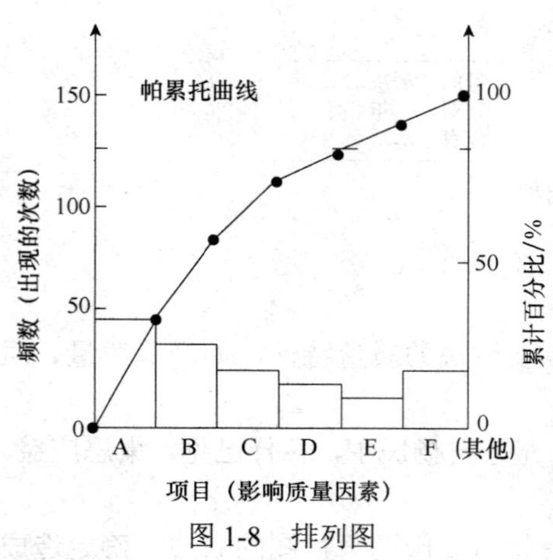

图 1-8　排列图

从最重要到次要进行排列。寻找影响质量的主要原因或主要问题所使用的图。排列图最早由意大利经济学家帕累托（Pareto）用于统计社会财富分布状况的。他发现少数人占有大部分财富，而大多数人却只有少量财富，即所谓“关键的少数与次要的多数”这一相当普遍的社会现象。

排列图是由一个横坐标、两个纵坐标、几个按高低顺序排列的矩形和一条累计百分比折线组成，如图 1-8 所示。此图是一个直角坐标图，它的左纵坐标为频数，即某质量问题出现次数，用绝对数表示；右纵坐标为频率，常用百分数来表示。横坐标表示影响质量的各种因素，按频数的高低从左到右依次画出长柱排列图，然后将各因素频率逐项相加并用曲线表示。

累计频率在 80%以内的为 A 类因素，即是亟待解决的质量问题。

2. 排列图的制作案例

表 1-3 是某食品厂 2015 年 6 月 2 日～6 月 7 日菠萝罐头不合格项调查表。

表 1-3　菠萝罐头不合格项调查表

不合格类型	外表面	真空度	二重卷边	净重	固形物	杂质	块形	小计
不合格数	1	7	1	42	28	6	4	89

根据该表数据制作排列图的步骤：

（1）制作排列图数据表（表 1-4），计算不合格比率，并按数量从大到小顺序将数据填入表中。“其他”项的数据由许多数据很小的项目合并在一起，将其列在最后。

表 1-4　菠萝罐头排列图数据表

不合格类型	不合格数	累计不合格数	比率/%	累计比率/%
净重	42	42	47.2	47.2
固形物	28	70	31.5	78.7
真空度	7	77	7.9	86.6
杂质	6	83	6.7	93.3
块形	4	87	4.5	97.8
其他	2	89	2.2	100
合计	89	—	100	—

（2）画两根纵轴和一根横轴，左边纵轴，标上件数（频数）的刻度，最大刻度为总件数（总频数）；右边纵轴，标上比率（频率）的刻度，最大刻度为 100%。左边总频数的刻度与右边总频率的刻度（100%）高度相等，横轴上将频数从大到小依次列出各项。

（3）在横轴上按频数大小画出矩形，矩形高度代表各不合格项频数的大小。

（4）画累计频率曲线，用来表示各项目的累计百分比。

（5）在图上记录有关必要事项，如排列图名称、数据及采集数据的时间、主题、数据合计数等。如图 1-9 所示。

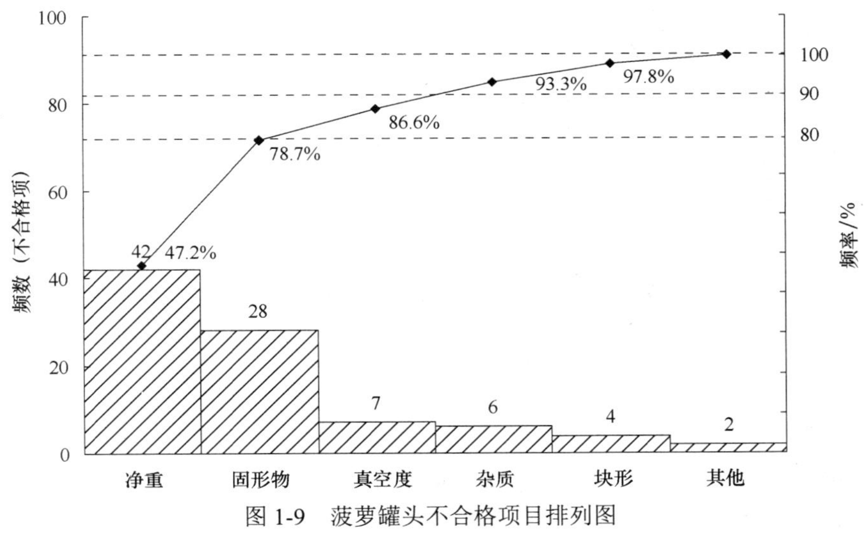

图 1-9　菠萝罐头不合格项目排列图

3. 排列图的使用

（1）为了抓住“关键的少数”，在排列图上通常把累计比率分为三类：在 0～80%的因素为 A 类因素即主要因素，（不超过三项）；在 80%～90%的因素为 B 类因素，即次要因素；在 90%～100%的因素为 C 类因素，即一般因素。从图 1-9 中可以看出，出现不合

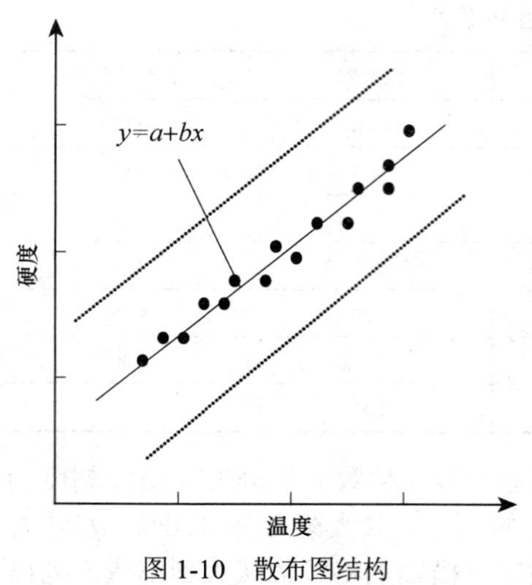

图 1-10　散布图结构

格品的主要原因是净重和固形物含量，只要解决了这两个问题，不合格率就可以降低 78.7%。

（2）在解决质量问题时，将排列图和因果图结合起来特别有效。先用排列图找出主要因素，再用因果图对该主要因素进行分析，找出引起该质量问题的主要原因。

（三）散布图

1. 散布图的概念

散布图（scatter plot）也称相关图、分布图、散点图，用于研究两个变量之间的关系及相关程度。散布图可以用来发现和确认两组相关数据之间的关系，并确认两组相关数据之间预期的关系。图 1-10 是散布图的结构。图 1-11 是典型散布图两组数据之间的关系。

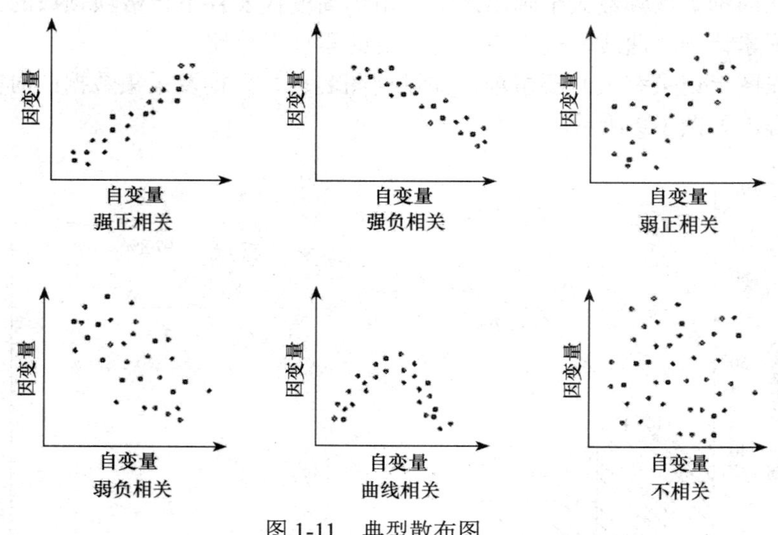

图 1-11　典型散布图

2. 散布图的使用案例

某酒厂为了研究酒醅中的酸度和酒度两个变量之间存在什么关系，对酒醅样品进行了化验分析，结果如表 1-5 所示。

表 1-5　酒醅中酸度和酒度分析数据表

序号	酸度	酒度	序号	酸度	酒度
1	0.5	6.3	3	1.2	4.8
2	0.9	5.8	4	1.0	4.6

续表

序号	酸度	酒度	序号	酸度	酒度
5	0.9	5.4	18	0.7	6.3
6	0.7	5.8	19	0.6	6.4
7	1.4	3.8	20	0.5	6.4
8	0.8	5.7	21	0.5	6.6
9	0.7	6.0	22	1.2	4.7
10	0.9	6.1	23	0.6	6.5
11	1.2	5.3	24	1.3	4.3
12	0.8	5.9	25	1.0	5.3
13	1.2	4.7	26	1.5	4.4
14	1.6	3.8	27	0.7	6.6
15	1.5	3.4	28	1.3	4.6
16	1.4	3.8	29	1.0	4.8
17	0.9	5.0	30	1.2	4.1

现利用散布图对数据进行分析、研究和判断。将表中各组数据制作散布图，将结果与图 1-11 典型散布图进行比较，可以得出酒醅中的酸度和酒度呈弱负相关的结论。

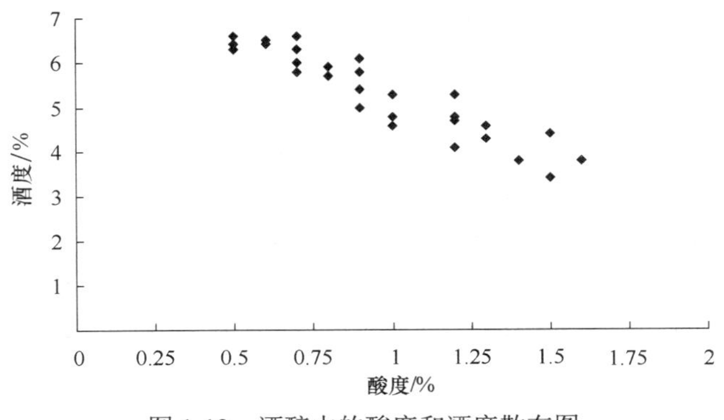

图 1-12　酒醅中的酸度和酒度散布图

（四）直方图

1. 直方图的概念

直方图是从总体中随机抽取样本，将从样本中获得的数据进行整理后，用一系列宽度相等、高度不等的矩形表示数据分布的图。矩形的宽度表示数据范围的间隔，矩形的高度表示在给定间隔内的数据频数。

2. 直方图的作用

（1）较直观地传递有关过程质量状况的信息，显示质量波动分布的状态；判断生产过程是否稳定。

（2）通过对数据分布与公差的相对位置的研究，可以对过程能力进行判断。一般适用于计量值数据。

3. 直方图的制作案例

市场销售的带有包装的产品所给出的标称重量，法律规定其实际重量只允许比标称重量多而不允许少。而为了降低成本，实际重量又不能超出标称重量太多。

某植物油生产厂使用灌装机，灌装标称重量为5000g的瓶装色拉油，要求溢出量为0～50g。现应用直方图对灌装过程进行分析。

（1）收集数据。做直方图要求收集的数据一般为50个以上，最少不得少于30个，数据收集过少难以反映数据的统计特性。本例收集100个数据，列于表1-6中。

表1-6　溢出量数据表

测量单位/g									
43	40	28	28	27	28	26	12	33	30
34	42	22	32	30	34	29	20	22	28
24	29	29	18	35	21	36	46	30	14
28	28	32	28	22	20	25	38	36	12
38	30	36	20	21	24	20	35	26	20
29	31	18	30	24	26	32	28	14	47
24	34	22	20	28	24	48	27	1	24
34	10	14	21	42	22	38	34	6	22
39	32	24	19	18	30	28	28	16	19
20	28	18	24	8	24	12	32	37	40

（2）计算数据的极差。

极差（R）：反映了样本数据的分布范围，在直方图应用中，极差的计算用于确定分组范围。

$$R = X_{max} - X_{min} = 48 - 1 = 47$$

（3）确定组距。先确定直方图的组数，然后以此组数去除极差，可得直方图每组的宽度，即组距（h）。组数的确定要适当，组数k的确定可参见表1-7。

表1-7　组数选用表

样本量 n	推荐组数 k	样本量 n	推荐组数 k
50～100	6～10	250以上	10～20
100～250	7～12	—	—

该例取　$k=10$　$h=R/k=47/10=4.7\approx 5$，组距一般取测量单位的整数倍，以便分组。

（4）确定各组的边界值。为避免出现数据在组的边界上，并保证数据中最大值和最小值包括在组内，组的边界值单位应取为最小测量值减去最小测量单位的一半作为第一组的下界限，之后再按所计算的组距推算各组的分组界限。

本例：第一组下界限 X_{min} －最小测量单位/2＝1－1/2＝0.5（精度）。第一组上界限为第一组下界限加组距：0.5＋5＝5.5；第二组下界限与第一组上界限相同：5.5；第二组上界限为第二组下界限加组距：5.5＋5＝10.5。其他以此类推。

（5）编制频数分布表，如表 1-8 所示。

表 1-8　频数、频率分布表

组号	组界	组中值	频数统计	频率
1	0.5～5.5	3	1	0.01
2	5.5～10.5	8	3	0.03
3	10.5～15.5	13	6	0.06
4	15.5～20.5	18	14	0.14
5	20.5～25.5	23	19	0.19
6	25.5～30.5	28	27	0.27
7	30.5～35.5	33	14	0.14
8	35.5～40.5	38	10	0.10
9	40.5～45.5	43	3	0.03
10	45.5～50.5	48	3	0.03
合计	—	—	100	1.00

（6）画直方图。

① 建立平面直角坐标系。横坐标表示质量特性值，纵坐标表示频数。

② 以组距为底、各组的频数为高，分别画出所有各组的长方形，即构成直方图。在直方图上标出公差范围（T）、规格上限（T_U）、规格下限（T_L）、样本量（n）、样本平均值 $\bar{X}$ 、样本标准差（S）和样本平均值 $\bar{X}$ 的位置等，如图 1-13 所示。

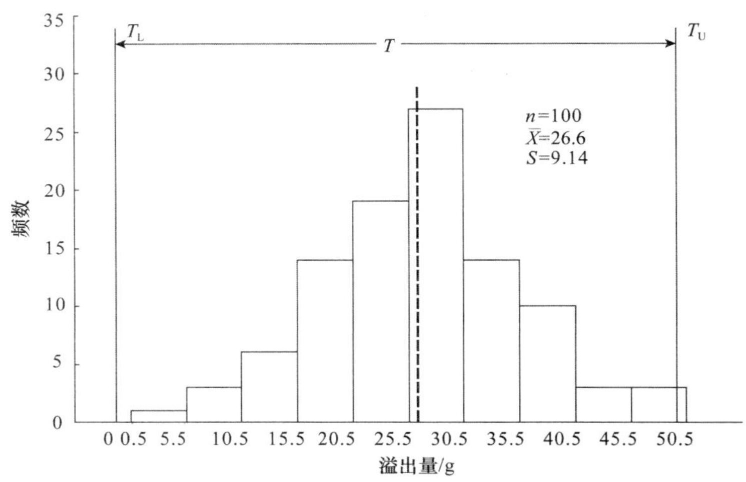

图 1-13　植物油溢出量直方图

4. 直方图的分析

（1）对图形形状的观察分析。以一个零件车床加工为例，根据直方图的形状（表 1-9），可以对总体进行初步分析。

表 1-9　直方图形状分析表

常见类型	图例	分析判断
正常型	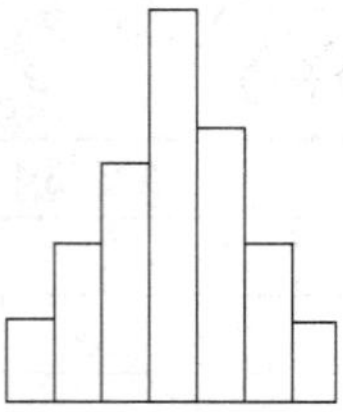	可判定工序运行正常，处于稳定状态
偏向型	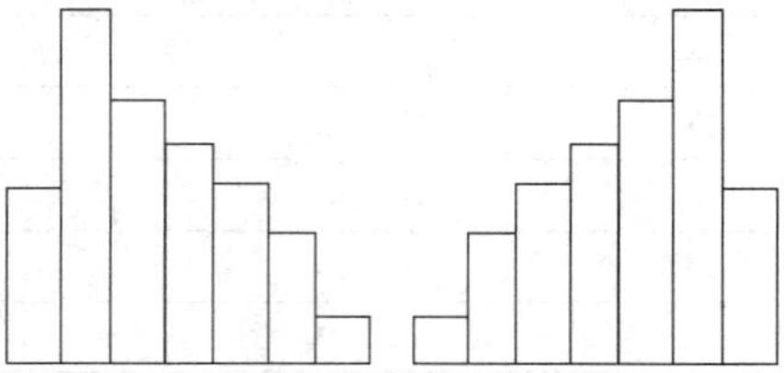	一些有形位公差要求的特性值分布往往呈偏向型 孔加工习惯造成的特性值分布常呈左偏型 轴加工习惯造成的特性值分布常呈右偏型
双峰型	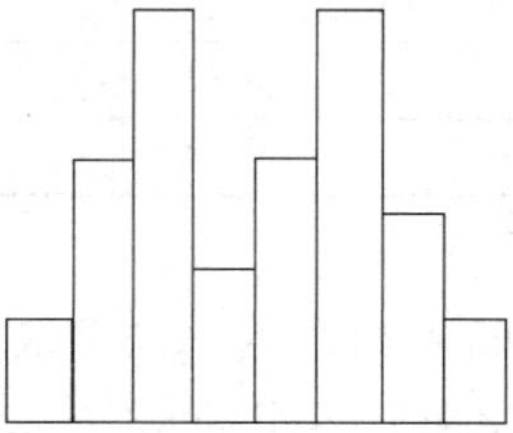	这是由于数据来自不同的总体，如来自两个工人（或两批材料、或两台设备）生产出来的产品混在一起造成的
孤岛型	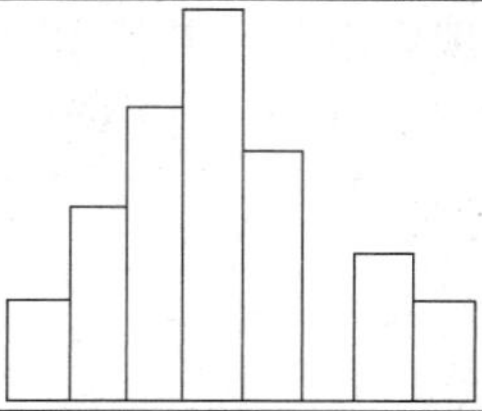	这是由于测量工具有误差，或是原材料一时的变化，或刀具严重磨损、短时间内有不熟练工人替岗、操作疏忽、混入规格不同的产品等造成的
平顶型	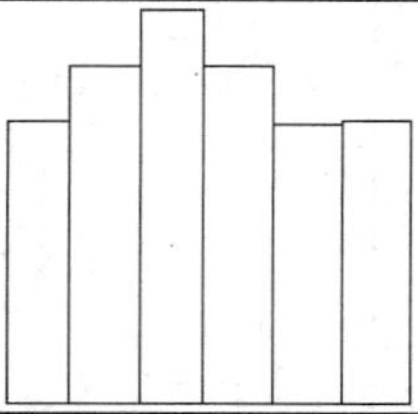	生产过程有缓慢因素作用引起，如刀具缓慢磨损、操作者疲劳等
锯齿型	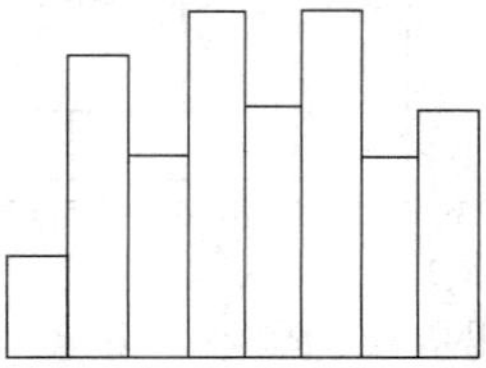	由于直方图分组过多，或测量数据不准等原因造成

（2）直方图与公差限的比较。直方图为正常型时，还需判断过程满足规范要求（标准要求）的程度。

（五）调查表

1. 调查表的概念和作用

调查表（check sheet）又称检查表、核对表、统计分析表，是用于收集和整理质量原始数据的一种规范化表格。

调查表的作用有以下几个方面：

（1）收集、积累数据比较容易。

（2）数据使用、处理起来也比较方便。

（3）可对数据进行粗略的整理和分析。

2. 调查表的种类

（1）工序分布调查表。又称质量分布检查表，对计量值数据进行现场调查，根据以往的资料，将某一质量特性项目的数据分布范围分为若干区间而制成的表格，用以记录和统计每一质量特性数据落在某一区间的频数（表 1-10）。

表 1-10　产品重量实测值分布调查表

产品名称：糖水菠萝罐头　　生产线：A　　调查者：张三　　日期：2014-2-2

重量/g	频　数								小计
	5	10	15	20	25	30	35		
495.5～500.5									
500.5～505.5	/								1
505.5～510.5	//								2
510.5～515.5	/////	///							8
515.5～520.5	/////	/////							10
520.5～525.5	/////	/////	/////	/////	/				21
525.5～530.5	/////	/////	/////	/////	/////	////			29
530.5～535.5	/////	/////	/////						15
535.5～540.5	/////	///							8
540.5～545.5	////								4
545.5～550.5	//								2
550.5～555.5									
合计									100

注：表中/代表在一个范围出现的次数。

从表 1-10 形式看，质量分布调查表与直方图的频数分布表相似。所不同的是，质量分布调查表的区间范围是根据以往资料，首先划分区间范围，然后制成表格，以供现场调查记录数据；而频数分布表则是首先收集数据，再适当划分区间，然后制成图表，以供分析现场质量分布状况之用。

（2）不合格项调查表。主要用来调查生产现场不合格项目频数和不合格品率，以便用于排列图等分析研究。

表 1-11 是某食品企业在某月玻璃瓶装酱油抽样检验中外观不合格项目调查记录表。从外观不合格项目的频次可以看出，标签歪和标签擦伤的问题较为突出，说明贴标机工作不正常，需要调整、修理。

表 1-11　玻璃瓶装酱油抽样检验外观不合格项目调查记录表

批次	产品规格	批量/箱	抽样数/瓶	不合格品数/瓶	不合格品率/%	外观不合格项目					
						封口不严	液高不符	标签歪	标签擦伤	沉淀	批号模糊
1	生抽	100	50	1	2			1	1		
2	生抽	100	50	0	0						
3	生抽	100	50	2	4			2	1		
4	生抽	100	50	0	0						
…											
250	生抽	100	50	1	2		1		1		
合计		25000	12500	175	1.4	5	10	75	65	10	10

（3）不合格位置调查表。又称缺陷位置调查表。就是先画出产品平面示意图，把画面划分成若干小区域，并规定不同外观质量缺陷的表示符号。调查时，按照产品的缺陷位置在平面图的相应小区域内打记号，最后统计记号，可以得出某一缺陷比较集中在哪一个部位上的规律，这就能为进一步调查或找出解决办法提供可靠的依据。

（4）矩阵调查表。又称不合格原因调查表，是一种多因素调查表。要求把生产问题的对应因素分别排列成行和列，在其交叉点上标出调查到的各种缺陷和问题以及数量。

（六）分层法

1. 分层法的概念和分层方法

分层法（stratification）又叫分类法、分组法，是按照一定的标志，把搜集到的大量有关某一特定主题的统计数据加以归类、整理和汇总的一种方法。

目的：把杂乱无章和错综复杂的数据和意见加以归类汇总，使之更能确切地反映客观事实。分层法一般按 5M1E 分层。

2. 分层法应用案例

某食品厂的糖水水果旋盖玻璃罐头经常发生漏气，造成产品发酵、变质。经抽检 100 罐产品后发现，一是由于 A、B、C 三台封罐机的生产厂家不同；二是所使用的罐盖是由两个制造厂提供的。在用分层法分析漏气原因时采用按封罐机生产厂家分层和按罐盖生产厂家分层两种情况，如表 1-12 所示。

表 1-12　按封罐机生产厂家分层

封罐机生产厂家	漏气/罐	不漏气/罐	漏气率/%
A	12	26	32
B	6	18	25
C	20	18	53
合计	38	62	38

由表 1-12 可知，为降低漏气率，应采用 B 厂的封罐机。

由表 1-13 可知，为降低漏气率，应采用二厂的罐盖。但同时采用 B 厂的封罐机，选用二厂的罐盖，漏气率不但没有降低，反而由原来的 38%增加到 43%。这样的简单分层是有问题的。

表 1-13　按罐盖生产厂家分层

罐盖生产厂家	漏气/罐	不漏气/罐	漏气率/%
一厂	18	28	39
二厂	20	34	37
合计	38	62	38

正确的方法应该是：

（1）当采用一厂生产的罐盖时，应采用 B 厂的封罐机。

（2）当采用二厂生产的罐盖时，应采用 A 厂的封罐机。

这时它们的漏气率平均为 0，如表 1-14 所示。

表 1-14　多因素分层法

封罐机生产厂家	漏气情况	罐盖生产厂家		合计
		一厂	二厂	
A	漏气/罐	12	0	12
	不漏气/罐	4	22	26
B	漏气/罐	0	6	6
	不漏气/罐	10	8	18
C	漏气/罐	6	14	20
	不漏气/罐	14	4	18
小计	漏气/罐	18	20	38
	不漏气/罐	28	34	62
合计		46	54	100

因此，运用分层法时，不宜简单地按单一因素分层，必须考虑各因素的综合影响效果。在分析时，要特别注意各原因之间是否存在着相互影响，有无内在联系，严防不同分层方法的结论混为一谈。

（七）控制图

1. 常规控制图的构造与原理

常规控制图（control chart）又称管理图、管制图，休哈特控制图。是对过程质量特性值进行测量、记录、评估和监察过程是否处于统计控制状态的一种统计方法设计的图。

图 1-14 为控制图，纵坐标为质量特性值，横坐标为抽样时间或样本序号。图上有三条线：上面一条虚线叫上控制界限线（简称上控制线），用符号 UCL 表示；中间一条实线叫中心线，用符号 CL 表示；下面一条虚线叫下控制界限线（简称下控制线），用符号 LCL 表示。这三条线是通过搜集过去在生产稳定状态下某一段时间的数据计算出来的。使用时，定时抽取样本，把所测得的质量特性数据用点一一描在图上。根据点是否超越上、下控制线和点排列情况来判断生产过程是否处于正常的控制状态。

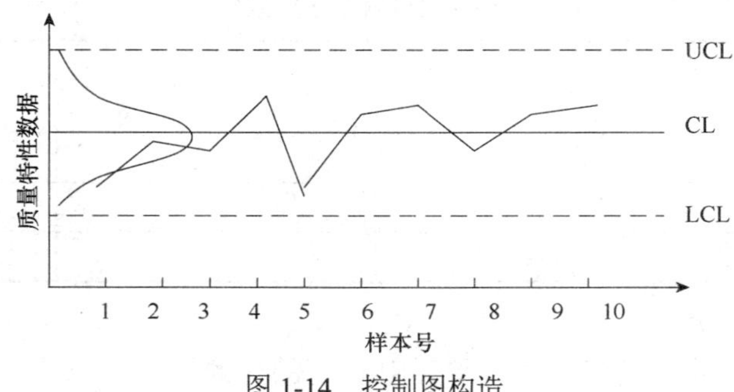

图 1-14　控制图构造

控制图原理：根据正态分布理论，若过程只受随机因素的影响，即过程处于统计控制状态，则过程质量特性值有 99.73%的数据（点）落在控制界限内，且在中心线两侧随机分布。若过程受到异常因素的作用，典型分布就会遭到破坏，则质量特性值数据（点）分布就会发生异常（出界、链状、趋势）（图 1-15）。

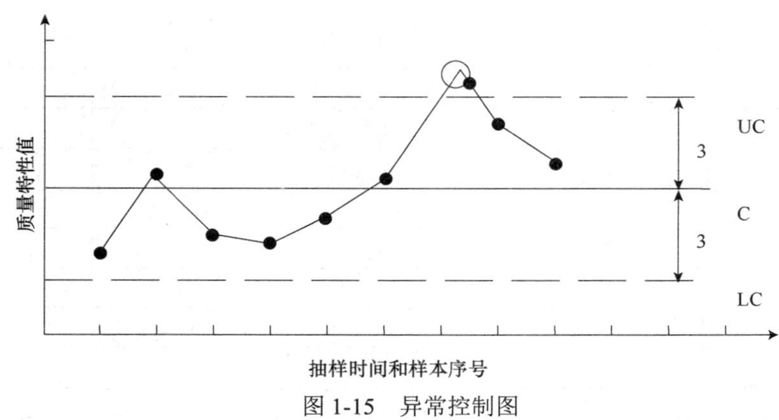

图 1-15　异常控制图

反过来，如果样本质量特性值的点子在控制图上的分布发生异常，那我们就可以判断过程异常，需要进行诊断、调整。

2. 控制图的判断准则

控制图对过程异常的判断以小概率事件原理为理论依据。判异准则有两类：一是点子出界就判异；二是界内点子排列不随机就判异。若过程不判异，则过程处于统计控制状态。

三、食品质量控制的新方法

日本在开展全面质量管理的过程中通常将关联图、KJ 法、系统图、矩阵图、矩阵数据分析法、PDPC 法以及箭条图统称为“新七种工具”。这新七种工具的提出不是对“老七种工具”的替代而是对它的补充和丰富。

一般说来，“老七种工具”的特点是强调用数据说话，重视对制造过程的质量控制；而“新七种工具”则基本是整理、分析语言文字资料（非数据）的方法，着重用来解决全面质量管理中 PDCA 循环的 P（计划）阶段的有关问题。因此，“新七种工具”有助于管理人员整理问题、展开方针目标和安排时间进度。整理问题，可以用关联图法和 KJ 法；展开方针目标，可用系统图法、矩阵图法和矩阵数据分析法；安排时间进度，可用 PDPC 法和箭条图法。

（一）关联图法

关联图法，是指用连线图来表示事物相互关系的一种方法。它也叫关系图法。如图 1-16 所示，图中各种因素 A、B、C、D、E、F、G 之间有一定的因果关系。其中因素 B 受到因素 A、C、E 的影响，它本身又影响到因素 F，而因素 F 又影响着因素 C 和 G……这样，找出因素之间的因果关系，便于统观全局、分析研究以及拟定出解决问题的措施和计划。

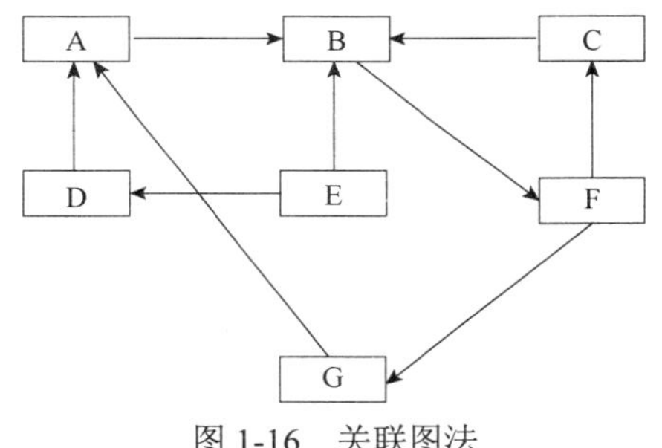

图 1-16　关联图法

（二）KJ 法

KJ 法是日本川喜田二郎提出的。这一方法是从错综复杂的现象中，用一定的方式来整理思路、抓住思想实质、找出解决问题新途径的方法。KJ 法不同于统计方法，统计方法强调一切用数据说话，而 KJ 法则主要靠用事实说话、靠“灵感”发现新思想、解决新问题。KJ 法认为许多新思想、新理论，往往是灵机一动、突然发现。但应指出，统计方法和 KJ 法的共同点，都是从事实出发，重视根据事实考虑问题。

（三）系统图法

系统图法，是指系统地分析、探求实现目标的最好手段的方法。在质量管理中，为了达到某种目的，就需要选择和考虑某一种手段；而为了采取这一手段，又需考虑它下一级的相应的手段。这样，上一级手段就成为下一级手段的行动目的。如此地把要达到的目的和所需要的手段，按照系统来展开，按照顺序来分解，做出图形，就能对问题有一个全貌的认识。然后，从图形中找出问题的重点，提出实现预定目的最理想途径。它是系统工程理论在质量管理中的一种具体运用。

（四）矩阵图法

矩阵图法，是指借助数学上矩阵的形式，把与问题有对应关系的各个因素，列成一个矩阵图；然后，根据矩阵图的特点进行分析，从中确定关键点（或着眼点）的方法。

（五）矩阵数据分析法

矩阵数据分析法，与矩阵图法类似。它区别于矩阵图法的是：不是在矩阵图上填符号，而是填数据，形成一个分析数据的矩阵。

（六）PDPC 法

PDPC 法（process decision program chart），又称过程决策程序图法。它是在制定行动计划或进行方案设计时，对计划执行过程中可能出现的各种障碍及结果，做出预测，并相应地提出多种应变计划的一种方法。这样，在计划执行过程中，遇到不利情况时，仍能有条不紊地按第二、第三或其他计划方案进行，以便达到预定的计划目标。它不是走着看，而是事先预计好。

（七）箭条图法

箭条图法，又称矢线图法。它是计划评审法在质量管理中的具体运用，使质量管理的计划安排具有时间进度内容的一种方法。它有利于从全局出发、统筹安排、抓住关键线路，集中力量，按时和提前完成计划。

工作任务

某种食品某一质量问题因果图的绘制

【任务目标】请参照引导资料绘制某种食品某个质量问题分析的因果图。

【要求】因果图的绘制要求准确、全面、合理，具有应用价值。

【说明】

（1）在仔细阅读工作任务要求后，回答引导问题。如果有需要可运用媒体工具作为辅助措施。这些伴随的提问涉及了对于这个工作任务重要的知识领域。

（2）按照工作流程绘制某种食品某种质量问题的因果图。

（3）请与老师讨论引导问题及任务草案。

（4）修改任务草案，并完成该食品某一质量问题因果图的绘制。

【引导问题】

（1）你是否知道因果图的基本概念？

（2）你是否了解因果图的应用范围？

（3）你是否熟悉因果图的绘制步骤？

（4）你是否能够进行某种食品加工过程因果图的绘制？

以上问题如果回答不是，请认真查阅本书及参考资料，收集一些食品企业的相关资料。

一、工作流程

制定工作计划→本书及参考资料的认知→引导问题的回答→进行某种食品加工过程的调查或网上查询→确定某种质量问题→该质量问题分析因果图草稿的制定→与顾问讨论→修改草稿→任务完成。

二、参考资料

因果图制作应注意如下问题：

（1）问题尽量具体、明确、有针对性。

（2）集思广益。

（3）分析到能采取具体措施为止。

（4）主要原因的确定。

（5）对关键因素采取措施。

参考资料见本书。

三、检查评估

工作任务完成后填写工作任务评估表（表 1-15）。

表 1-15　工作任务检查评估表

班级 __________　姓名 __________　学号 __________　小组 __________　时间 __________

	能力	内容	评分			
			自评（30%）	互评（30%）	教师评价（40%）	合计
能力评测	专业能力	能掌握因果图法的基本概念（10 分）				
		能熟悉因果图的应用范围（10 分）				
		能掌握绘制因果图的基本步骤（20 分）				
		能完成食品某一质量问题因果图的绘制工作（20 分）				
	通用能力	团结协作（10 分）				
		分析的能力（10 分）				
		学习能力（10 分）				
		口头表达能力（10 分）				
	小计					

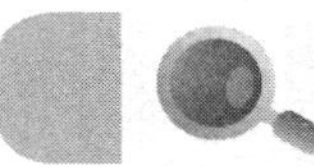

目标检测

一、判断题

（1）分层法就是按照一定的标志，把搜集到的原始数据按照不同的目的加以分类整理，以便分析影响产品质量的具体因素。（　　）

（2）质量管理的传统工具有六种。（　　）

（3）直方图矩形的宽度表示数据范围的间隔，矩形的高度表示在给定间隔内的数据频数。（　　）

（4）KJ 法是质量管理的老七种工具。（　　）

二、单项选择题

（1）分析影响质量原因的方法是（　　）。

A．PDPC 法　　B．分层法　　C．直方图法　　D．排列图法

（2）（　　）是指用连线图来表示事物相互关系的一种方法。

A．关联图法　　B．亲和图法　　C．箭条图法　　D．系统图法

（3）绘制直方图需要收集数据的个数最低不少于（　　）。

A．20 个　　B．30 个　　C．40 个　　D．50 个

（4）以下不属于计量值数据的是（　　）。

A．不合格品数　　B．长度　　C．温度　　D．化学成分

（5）通过分析研究两种因素的数据之间的关系，控制影响产品质量的相关因素的一种有效方法是（　　）。

A．关联图　　B．散布图　　C．直方图　　D．系统图

（6）以下属于计数值数据的是（　　）。

A．不合格品数　　B．长度　　C．时间　　D．温度

（7）工序处于稳定状态的直方图是（　　）直方图。

A．正常型　　B．双峰型　　C．平顶型　　D．锯齿型

单元三　质量管理基础工作

学习目标

（1）了解企业标准化及计量工作的重要性及工作方法。

（2）熟悉质量教育与培训的主要内容及如何建立质量责任制。

（3）掌握如何做好质量信息工作。

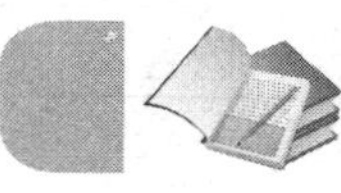

理论知识

企业要开展质量管理，保证质量管理体系的有效运转，必须要建立基本的秩序和准

则、提供合格的人力资源和基本的技术手段，并建立畅通的信息流通环境等一系列前期性工作。这些工作都是开展质量管理的基础工作。是质量管理工作开展的立足点和出发点，也是质量管理工作取得成效、质量体系有效运转的前提和保证。这些工作一般包括标准化工作、计量工作、质量信息工作、质量责任制和质量教育与培训工作等。

一、企业标准化工作

知识链接

标准化工作实例

泰勒 1898 年在伯利恩公司进行了装卸试验，当时他挑选了 n 个生产能手，反复试验用不同规格的铁锹所能完成的工作任务，最后总结为每锹装量为 9.7kg 才能达到最大工作完成量。因此他设计了 8～10 种不同规格的铁锹，小的装重物，如铁矿石等，大的装轻物，如炉灰等，但每一锹的重量都是 9.5kg 左右，这样劳动生产率就大为提高。泰勒的这种试验方法实际上就是运用了标准化的选优原理，并首先从拟定标准开始的。

企业管理中作业计划编制、成本核算等，都是首先制定工时定额标准，通过标准化来进行的。

美国的各种企业看到标准化的显著经济效益，对标准化大为重视，事事都追求标准化，使标准成为企业的法律，使标准化思想牢固地树立在企业每个职工头脑之中。

（一）标准化工作在质量管理中的作用

GB/T20000.1—2014《标准化工作指南　第 1 部分：标准化和相关活动的通用术语》对标准化的定义：为了在既定范围内获得最佳秩序，促进共同效益，对现实问题或潜在问题确立共同使用和重复使用的条款以及编制、发布和应用文件的活动。标准化的活动过程包括标准的制定、发布、实施、监督管理以及标准的修订。标准化具有以下特点：

（1）标准化的基本目的是建立最佳秩序、提高效率，从而获得最佳效益。

（2）标准化的对象是具有多样性、相关性特征的重复事物。所谓多样性是指事物具有多种表现形态。制定标准的对象已经从技术领域延伸到经济领域和人类生活的其他领域。

（3）标准化是一个过程，即制定标准、贯彻标准进而修订标准的过程。

GB/T20000.1—2014《标准化工作指南　第 1 部分：标准化和相关活动的通用术语》对标准的定义是：通过标准化活动，按照规定的程序经协商一致制定，为各种活动或其结果提供规则、指南或特性，供共同使用和重复使用的文件。标准是对重复性事物和概念所做的统一规定。它以科学、技术和实践经验的综合成果为基础，经有关方面协商一致，由主管机构批准，以特定形式发布作为共同遵守的准则和依据。我们应该认识到，标准具有以下几个特点：

（1）科学、技术和实践经验的结晶是标准产生的基础。

（2）标准需要经过有关方面协商一致。

（3）标准文件有一套制定、颁发程序和固定的书写格式。

（4）标准的本质是对重复性事物的统一。

（5）标准可以分成不同的等级。如国际标准、地区标准、国家标准、行业标准以及企业标准等。

（6）标准也可以按不同的标志分成不同的种类。如管理标准、产品标准、工艺标准、作业指导书等。

标准化工作在质量管理中的重要性体现在以下几个方面：

（1）标准是衡量产品质量和各项质量的尺度，也是企业进行生产技术活动和经营管理工作的依据。在企业管理中，标准化与质量管理的关系非常密切。

（2）标准化为科学管理奠定了基础。所谓科学管理，就是依据生产技术的发展规律和客观经济规律对企业进行管理，而各种科学管理制度的形式，都以标准化为基础。

（3）从一定意义上而言，质量管理的过程也就是标准化的过程，企业标准化的基本任务就是通过制定和贯彻标准，使企业的生产、技术、经营活动合理化，改进质量，提高效率、降低成本，以最少的投入实现企业的目标。

（二）如何做好企业的标准化工作

标准化工作为实施各项管理职能提供了共同的准则和依据，为企业的生产经营活动建立了统一的秩序。在开展标准化工作中，企业应坚持两个原则：

（1）必须以"顾客第一"的思想为指导。标准化是实现企业目标的重要手段，企业生产的产品能满足顾客的需要是衡量企业标准化工作的重要标志之一。需要特别说明的是，符合标准的产品是合格品，但并不一定是顾客满意的产品，产品质量最终只能由顾客评价。因此，标准必须随着经济、技术的发展和顾客需要的变化而及时修订。从这个意义上讲，顾客的要求就是"标准"。与顾客要求相背离的标准毫无用处，甚至会对企业的生产经营造成反作用。另一方面，"顾客第一"的原则同样适用企业的内部，即除了包括企业产品的购买者之外，还应该包括企业内部的下道工序、相关部门和相关环节。只有坚持"顾客第一"的原则，企业的标准才能客观实用，企业的标准化工作也才能收到事半功倍的效果。

（2）必须坚持"系统性"原则。标准化的对象是企业生产经营全过程中具有多样性、相关性特征的重复事物。这些重复性事物彼此之间不是孤立的，而是相互作用，相互影响存在着一定的内在联系。反映在对这些事物所制定的标准上也是如此，企业的各级各类标准构成了具有特定功能的系统，标准与标准之间有机作用，互相联系配套、协调统一。如果顾此失彼或重此轻彼，则标准系统的功能便难以充分发挥。因此，企业标准化必须坚持系统性原则，具体表现为以下两个方面：

① 企业的标准与标准之间、企业标准与企业外部相关标准之间必须协调统一。标准之间存在着相互连接、相互依存、相互制约的内在联系，只有彼此之间协调统一，才能发挥预期的作用。

② 企业的标准还必须做到完整配套。实现特定的标准化目的所需的各项标准要全面配齐、不得缺漏。如产品标准就要包括技术标准、安全标准、经济标准以及管理标准等一整套标准。就产品质量而言，它受到多方面因素的制约。例如原材料的性质、配方、结构、成分；工作程序和工艺过程的详尽程度；试验、测量、检验的工具和方法；运输、

包装、贮存的条件和方法等。因此，为了生产优质产品，仅仅制定和实施最终产品的质量标准是远远不够的，必须使那些影响产品质量的所有因素和工作标准化，也就是说要围绕产品标准确定一整套标准（全面质量管理）。

知识链接

食品安全国家标准

《中华人民共和国食品安全法》实施条例第十四条：食品生产企业不得制定低于食品安全国家标准或者地方标准要求的企业标准。食品生产企业制定食品安全指标严于食品安全国家标准或者地方标准的企业标准的，应当报省、自治区、直辖市人民政府卫生行政部门备案。

食品生产企业制定企业标准的，应当公开，供公众免费查阅。

二、计量工作

（一）计量工作的重要性

计量工作是关于测量和保证量值统一和准确的一项重要技术基础工作。在质量管理中，从设计质量的验证到使用质量的考核，每个环节都离不开计量工作，产品的每个质量特征值都存在着量值统一和测试方法的问题。没有计量这个技术基础，定量分析就没有依据，质量优劣便无法判断，也就更谈不上质量管理了。企业计量工作就是要在保证量值统一的条件下，利用测试技术、标准技术文件以及各种组织管理措施等，通过提供具有一定准确的各种数据信息，为企业各项工作提供计量（包括测试、化验、分析等）保证。它可以使企业的各项工作建立在可靠的客观数据基础上。

（二）如何做好计量工作

企业在开展计量工作时，必须注意着重抓好以下几个环节：

（1）按照生产和设计的要求配备计量检测设备。企业在配备计量检测设备时，要根据生产设计的要求进行全面考虑，特别要重点考虑提高产品质量对计量检测提出的测量准确度要求。

（2）合理确定计量检测设备的标准周期，坚持间隔校准制度。国际标准规定，应根据计量检测设备的稳定性、预计的用途和使用的频次，规定适当的确认周期。

（3）加强计量检测设备的日常管理，建立健全管理制度。这些制度包括：计量人员岗位责任制、计量器具检定制度、量值传递制度、计量器具分级管理制度、计量室工作制度、计量器具维护保养制度、计量器具损坏赔偿制度等。

（4）及时、正确处理不合格计量检测设备。

（5）保证质量检测设备使用的环境条件。对测量结果有影响的环境因素，如温度、湿度、噪声、振动、电磁干扰、接地电阻、电源电压、灰尘、照明、清洁卫生等，应进行适当的控制。

（6）健全管理机构，配备高素质的计量人员。企业要设置与生产经营相适应的计量管理机构或职能人员，协同各部门开展计量工作。

三、质量教育与培训

（一）质量教育与培训的主要内容

质量教育与培训主要包括质量意识教育、质量管理知识教育和专业技能培训。

1. 质量意识教育

推行全面质量管理首先要强化全体员工的质量意识，使员工对质量活动有积极的态度。最高管理者应理解质量对提高公司效益的重要意义，并了解如何通过身体力行的领导创造使员工积极融入的工作环境，提高公司的效率和效益；员工应明确本职工作对质量的影响和贡献，知道如何为实现质量目标而工作。质量意识教育的内容包括质量的概念，质量对组织的意义，质量责任、质量进步等内容。

2. 质量管理知识与方法培训

应对从事与质量有关工作的所有员工，进行比较系统的质量管理知识方法培训。针对最高管理层，应使其重点掌握质量管理理论和原则，了解领导责任和质量管理各职能的活动，以进行正确的引导和协调；对管理岗位的员工和质量活动关键岗位的人员，应使其掌握质量管理的基本原理和方法，以便提高质量领域的工作效率，通过改进质量提高经济效益；而对基层员工，重点是在本岗位开展质量控制和质量保证活动所需的质量管理知识技术。

3. 专业技能培训

应加强对职工的技术教育与技能训练，使职工熟练掌握保证和提高产品质量所必需的生产技术与操作技能，了解产品的特性、用途、工艺流程和检验办法等，从而不断提高业务工作能力，保证与提高产品质量。

（二）做好质量教育和培训的基本要求

（1）正确识别培训需求，使质量教育培训系统化、规范化。
（2）质量培训应从最高管理层开始，然后逐层进行。
（3）因人制宜采取多种形式。
（4）选用或编写适合本企业的教学材料，注意针对性。
（5）重视师资的培养与配备。
（6）评价培训效果，注重培训的有效性。
（7）完善管理制度，注意质量管理教育和培训的持久性。

四、质量责任制

（一）建立质量责任制的意义

质量责任制是指企业中形成文件的一种规章制度，它是规定各个职能部门和每个岗位的员工在质量工作中的职责和权限，并与考核奖惩相结合的一种质量管理制度和管理手段。

质量责任制的核心在于明确职责，落实责任，使员工更好地参与质量工作，确保产品或服务质量。最高管理者是企业产品质量的第一责任者，规定部门和岗位人员的职责和权限，包括各级人员解决问题的职责和权限，是企业领导对员工的一种主要授权方式。这种授权是促进全员参与的重要手段，使员工清楚地知晓自己的职责和任务，并及时了解所在层次的质量目标及责任人，能使他们树立参与意识，提高主观能动性和对质量的承诺，为实现组织的总体质量目标做出贡献。

（二）建立健全质量责任制需注意的问题

为确保质量责任制得到贯彻实施并取得应有的效果，企业在建立质量责任制时应注意以下问题，其中还包括要有相应工作的支持。

（1）质量责任制的基本内容必须健全。质量责任制的有关规定要具体和可操作，并防止遗漏或交叉。其基本内容至少要包括：每个部门和人员的具体职责和权限；与其他部门或岗位的工作接口；以及相应的考核和评价方法。有关规定要得到履行的部门和人员的承诺，并要让相关部门和人员知道。

（2）质量责任制的有关规定要形成文件。质量责任制是企业中十分重要的工作，规定的内容应尽量形成文件。有了文件不仅可以作为部门和岗位人员执行各自职责的依据；通过文件的分发还能使各个部门和岗位之间相互了解；文件还并有助于对职责规定的适宜性和充分性进行评审或修改。规定的内容可以全部集中在一个文件中，有时也可以分散，如分别在质量管理体系的质量手册、程序文件或其他管理文件中表述。但如能集中成册更便于管理和应用，文件的名称不局限于叫质量责任制，也可以是岗位职责或工作标准的汇编等。

（3）质量责任制的贯彻落实需必要的培训作支持。通过培训要使每个员工都熟悉：本岗位该做什么；怎样做；工作要达到的结果是什么；个人工作的好坏对结果产生的影响。此外，还要让员工进一步了解和掌握：所承担的工作的重要性；在本岗位的工作或操作中会发生什么问题；如果发生问题，会导致什么结果；应采取什么措施可以预防或防止问题的再次发生。为此，在必要时应有相应的操作规程或作业指导书等文件作指导。

（4）质量责任制要有岗位人员的能力作保证。岗位人员履行的职责要与其具备的能力相适应。对不同岗位人员的任职资格要从受教育的程度、接受的培训、工作技能和工作经验等方面做出规定，并加以评定，确保在岗人员的能力是胜任的。只有这样，才能使质量责任制得到贯彻和落实，并取得应有的效果。

（5）质量责任制要与考评、奖惩等奖励措施相结合。质量责任制强调责、权、利的统一，体现每个员工所承担的责任、完成的任务以及做出的成绩，要与应有的权益相一致。并要在企业里建立相应的承认制度。开展经济责任制的企业更要以质量责任制为核心，实施质量否决权等。

（6）质量责任制的建立健全要与贯彻 GB/T19000 质量管理体系工作相结合。贯彻 GB/T19000 系列标准有利于企业质量责任的进一步完善和落实，这是由于在贯标过程中质量管理体系所有过程的质量职能都无一遗漏地得到了分配和落实。而且，通过对过程及展开后的各项活动的职责的规定，使得企业中各项质量工作的职责更加明确和具有可操作性。

五、质量信息工作

（一）质量信息工作在质量管理中的作用

信息时代信息的重要性是毋庸置疑的。企业要想获得持续发展必须要将信息工作作为一项重要的基础工作来抓，并且要在企业内尽可能实现信息的共享。在质量管理工作中，质量信息同样重要。

质量信息是指质量活动中的各种数据、报表、资料和文件，质量信息种类很多，既包括文件、规定，也可以包括现场控制信息，即有涉及企业内部的信息，也有涉及企业外部的信息。外部的信息包括顾客的需求、市场变化、相关政策法令、国际国内的技术标准等。内部的信息包括有关质量问题的各种工艺文件；生产现场的控制信息；质量手册、程序和记录等。

质量信息的重要性体现在两个方面：第一，质量信息是企业自下而上沟通和发展的保证。在当前激烈竞争的市场条件下，企业只有迅速适应市场的变化，对顾客的需求做出迅速的反应才能够获得生存和发展，同时，企业还需要充分收集和考虑其他相关的需求，包括供应商、职工、社会、政府等。为了增强对市场以及各相关需求的反应速度，必须要对组织内外部信息进行收集、分析和处理，即进行信息管理。第二，质量信息是企业开展质量管理工作的重要依据，是不断改进产品质量，改善各个环节工作质量的最直接的原始资料。企业内部的质量信息，尤其是生产现场的质量信息可以帮助管理者正确认识影响产品质量的诸因素，认识到他们的变化及其内在联系，从而掌握提高产品质量的规律性。质量信息在企业质量管理活动中扮演着非常重要的角色。它既为质量方面的重大决策提供了依据，也为控制质量管理过程提供依据，同时又为监督和考核各项活动提供依据。

质量信息工作是指对产品质量产生、形成和实现的全过程中以及质量管理体系建立及运行过程中的基本数据、原始记录等所进行的调查、收集、整理和分析的活动。

（二）如何做好质量信息管理

1. 确定各类活动对质量信息的需求

企业为持续满足顾客和相关的需求，需要开展一系列活动，如目标设定、策划、实施、检查、改进等。这些活动开展得是否正确、有效和充分很大程度取决于开展这些活动时所依据的信息资源情况，这一点是共性的。但每项活动对信息资源的需求又各不相同。因此首先应识别出各个活动所需要的信息资源。例如在制定质量方针和质量目标时，需要有关于顾客和相关方要求、相关法律法规要求、市场和技术的变化、企业现有能力和潜力、当前产品的质量趋势等方面的信息；而管理评审时则需要输入顾客反馈、审核结果、过程业绩和产品实物质量趋势、预防和纠正措施情况等。

确定所需的质量信息必须明确职责。识别信息需求应是各级过程责任人（包括最高管理者）的职责。识别出的信息需求应与该活动有关人员沟通并取得共识。另外识别出的信息需求还要不断更新以适应环境的变化。

2. 收集和获取所需的数据信息

质量信息可以来自内部和外部。为收集和获取经识别的所需信息，应有明确的责任人员负责，并规定其收集数据信息的方法和途径。如相关法律法规的信息，应由指定人员进一步识别哪些法规与企业提供的产品和服务有关，规定获得相关法规的途径和收集的周期，以及所收集到数据信息的传递途径。

3. 对收集到的信息进行分析

收集到的原始数据有可能是杂乱无章的，例如顾客反馈，可能会有表达不准或不正确的内容；又如产品检验数据会有不同的波动。因此要把收集到的数据信息转化为能为企业所用的知识，应对它们进行整理和分析，找出其中的规律性。

4. 充分利用所掌握的信息资源

企业从制定质量方针目标开始，无论是产品实现过程，还是管理过程和支持性过程，都应充分利用经过分析的信息资源。因此首先应保证各个过程在需要时能够得到相关的信息。这要求信息的管理应便于各个过程的使用，应使信息的检索和传递方面快捷。

5. 对信息应用的效果应进行评估

对使用信息后获得的效果进行评估，可以帮助企业了解信息源是否可靠，获得的信息是否全面、及时、对数据信息的分析是否准确，对信息的管理是否安全，信息传递是否到位，从而不断改进对信息的掌握和利用效率。

工作任务

QC小组职责的制定

【任务目标】请参照引导资料制定自己企业QC小组的职责。

【要求】QC小组职责要求严格、科学、全面、合理，具有应用价值。

【说明】

（1）在仔细阅读工作任务要求后，回答引导问题。如果有需要可运用媒体工具作为辅助措施。这些伴随的提问涉及了对于这个工作任务重要的知识领域。

（2）按照工作流程制定自己企业QC小组职责。

（3）请与老师讨论引导问题及任务草案。

（4）修改任务草案，并完成QC小组职责的制定。

【引导问题】

（1）你是否知道QC小组的内涵及工作的具体内容？

（2）你是否了解QC小组职责的范围？

（3）你是否知道QC小组职责制定的基本步骤？

以上问题如果回答不是，请认真查阅本书及参考资料，收集一些食品企业的相关资料。

一、工作流程

制定工作计划→本书及参考资料的认知→引导问题的回答→进行企业 QC 小组职责的调查或网上查询→QC 小组职责草稿的制定→与老师讨论→修改草稿→任务完成。

二、参考资料

1. QC 小组概念

QC 小组是指在生产或工作岗位上从事各种劳动的员工组织起来围绕企业的方针目标和企业现场存在的问题，以改进质量，降低消耗，提高经济效益和人的素质为目的，运用质量管理的理论和方法开展活动的小组。

2. QC 小组特点

QC 小组具有广泛的群众性、明显的自觉性、严密的科学性、高度的民主性、明确的目的性。

3. QC 小组类型

QC 小组又分现场型 QC 小组、攻关型 QC 小组、管理型 QC 小组、服务型 QC 小组。

4. QC 小组的注册管理

（1）对 QC 小组的注册管理是使 QC 小组活动区别于其他管理活动的一大特点。

（2）QC 小组登记注册不是永久性的，通常每年要经过一次重新登记和验收，如果 QC 小组活动持续半年或一年没有任何成果，则应予以注销。

（3）登记注册可以激发小组成员的责任感和荣誉感，便于企业和上级部门掌握 QC 活动的全局，防止弄虚作假的行为。

三、检查评估

工作任务完成后填写工作任务检查评估表（表 1-16）。

表 1-16　工作任务检查评估表

班级 ________ 姓名 ________ 学号 ________ 小组 __________ 时间___________

	能力	内容	评分			
			自评（30%）	互评（30%）	教师评价（40%）	合计
能力评测	专业能力	能熟悉 QC 小组职责的具体内容(20 分)				
		能掌握制定 QC 小组职责的基本步骤（20 分）				
		能完成 QC 小组职责的制定工作(20 分)				

续表

能力评测	能力	内容	评分			
			自评（30%）	互评（30%）	教师评价（40%）	合计
	通用能力	团结协作（10 分）				
		分析的能力（10 分）				
		学习能力（10 分）				
		口头表达能力（10 分）				
	小计					

目标检测

填空题

（1）质量管理基础工作一般包括______、______、______、_______、______等。

（2）质量教育与培训主要包括______、______、______。

（3）企业标准化工作必须以______的思想为指导。

项目二　食品质量安全管理基础

项目引入

质量管理基础理论是适应所有企业的基本管理方法，由于食品产品的特殊性，食品质量管理也有其特殊性。食品质量管理研究的内容不仅包括质量管理的基本理论和方法，还包括食品质量管理的法规与标准、食品安全评价、食品现场质量管理、食品检验管理、食品卫生与安全的质量控制等。

单元一　食品质量检验管理

学习目标

（1）掌握质量检验的定义、作用、步骤。
（2）掌握食品质量检验计划的定义、作用、制定的方法及步骤。
（3）了解食品企业检验组织的结构。

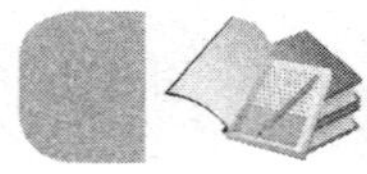

理论知识

在现代食品质量与安全管理活动中，质量检验不仅仅是对最终产品的检验，而且是对食品实现全过程的检验。食品质量安全市场准入制度规定的强制检验包括核发食品生产许可证前的发证检验，企业对每批产品的出厂检验和行政机关日常的监督检验。因此，食品企业必须建立质量检验机构，配备合格的检验人员，对食品生产的全过程进行检验，保证食品的质量与安全。

一、食品质量检验管理基础

（一）质量检验的定义和作用

1. 质量检验的定义

质量检验（quality inspection）是指采用一定的检验测试手段和检验方法测定产品的质量特性，然后把测定的结果同规定的质量标准相比较，从而对产品做出合格或不合格的判断。

2. 质量检验的作用

1）鉴别职能

企业的质量检验机构根据技术标准、合同、法规等依据，对产品质量形成的各阶段进行检验，并将检验结果与标准比较，做出符合或不符合标准的判断，或对产品质量水平进行评价。主要由专职检验人员完成。

2）把关职能

把关职能也称保证职能，是通过严格的检验，剔除不合格品并予以“隔离”，做到“三不准”，即不合格的原材料不准投产，不合格的半成品不准转序（工序），不合格的成品不准出厂，这是最重要、最基本的职能。

知识链接

某企业的不合格品控制程序

出厂检验工作结束，检验机构负责人根据检验报告综合判定结论，对被检批产品是否出厂及时下达指令。

检验合格的产品，由企业检验机构负责人签发同意附具产品质量检验合格证、准予出厂的命令。产品合格证上必须加盖企业检验机构专用章和主检人名章或编号章。

检验不合格的产品不准出厂，要按有关规定销毁或者作必要的技术处理（经有关授权人员批准，适用时经顾客批准，让步使用，放行或接收不合格品）。同时要查明不合格项目产生的原因，查清质量责任，对有关责任者进行处理。质量问题严重的，制定整改方案，落实整改工作责任制，在管理、技术、工艺设备等方面采取切实有效的措施，建立和完善企业的质量保证体系。

3）预防职能

通过抽样检验进行过程能力分析和运用控制图判断过程状态，从而预防不合格品的出现。这是检验工作发展的主要特征即由单纯把关检验转向积极预防检验。此外，检验人员通过进货检验、首件检验、巡回检验等，及早发现不合格品，防止不合格品进入工序加工和大批量的产品不合格，避免造成更大的损失。总之，质量控制是预防，质量检验是把关。

4）报告职能

通过各阶段的检验和试验，记录和汇集了产品质量的各种数据，这些质量记录是证实产品符合性及质量管理体系有效运行的重要证据。此外，当产品质量发生变异时，这些检验记录能及时向有关部门及领导报告，起到信息反馈作用。

（二）质量检验的步骤

1. 检验的准备

首先要熟悉检验标准和技术文件规定的质量特性和具体内容，确定测量的项目和量值。要确定检验方法，选择精密度、准确度适合检验要求的计量器具和测试、试验及理化分析用的仪器设备。确定测量、试验的条件，确定检验实物的数量，对批量产品还需确定批的抽样方案。将确定的检验方法和方案用技术文件形式做出书面规定，制定规范化的检验规程（细则）、检验指导书，或绘成图表形式的检验流程卡、工序检验卡等。

检验的准备可通过编制检验计划的形式来实现。

2. 检测、测量或试验

按已确定的检验方法和方案，对产品的一项或多项质量特性进行定量或定性的观察、测量、试验（检测），得到需要的量值和结果。测量首先应保证所用的测量装置或理化分析仪器处于受控状态。

3. 记录

把所测量的有关数据，按记录和格式要求认真做好记录。质量记录按质量体系文件规定的要求控制。质量检验记录是证实产品质量的证据，因此数据要客观、真实，字迹要清晰、整齐，不能随意涂改，需要更改的要按规定程序和要求办理。不仅要记录检验数据，还要记录检验日期、班次，由检验人员签名，便于质量追溯，明确质量责任。某公司化验报告单如图 2-1 所示。

××××××集团有限责任公司

化验报告单

料号		送样时间	
样品名称		编号	
批量		负责范围	
项目		分析结果	
判定结果		分析人员	
分析时间	年　月　日	主管人员	

图 2-1　公司化验报告单

注：（1）以上检验结果对原样品负技术责任；（2）如对报告有疑义时可于 10 日内提出复检

4. 比较和判定

由专职人员将检验的结果与规定要求进行对照比较，确定每一项质量特性是否符合规定要求，从而判定被检验的产品是否合格。

5. 确认和处置

（1）对合格品准予放行，并及时转入下一作业过程（工序）或准予入库、交付（销售、使用）。对不合格品，按其程度分别做出返修、返工、让步接收或报废处置。

（2）对批量产品，根据产品批质量情况和检验判定结果分别做出接收、拒收、复检处置。

（三）质量检验的形式

1. 查验原始质量凭证

在供方质量稳定、有充分信誉的条件下，质量检验往往采取查验原始质量凭证，如质量证明书、合格证、检验或试验报告等，以认定其质量状况。

2. 实物检验

实物检验是指由本单位专职检验人员或委托外部检验单位按规定的程序和要求进行检验。

3. 派员进厂（驻厂）验收

采购方派员到供货方对其产品、产品的形成过程和质量控制进行现场查验认定供货方产品生产过程质量受控、产品合格，给予认可接受。

（四）质量检验的分类

1. 按生产过程的顺序分类

1）进货检验

进货检验（in-coming quality control，IQC）也称进厂检验、原料检验。指企业对所采购的原材料及半成品等在入库之前所进行的接收检验（食品企业生产所需的原料、配料、包装材料等多由其他企业生产）。进货检验包括以下几类：

（1）首件样品进货检验。对首件进货样品，按程序文件、检验规程以及该产品的规格要求或特殊要求进行全面检验或全数检验或某项质量特性的试验。

（2）成批进货检验。

2）过程检验

过程检验（in-process quality control，IPQC）也称工序检验、制程检验。是在产品形成过程中对各加工工序之间进行的检验。一般由生产部门和质检部门分工协作共同完成。过程检验包括以下几个方面：

（1）首件检验。首件检验指对加工的第一件产品进行的检验或在生产开始时（上班或换班）或工序因素调整（调整工装、设备、工艺）后对前几件产品进行检验。

（2）巡回检验。巡回检验指检验员在生产现场按一定的时间间隔对有关工序的产品和生产条件进行的监督检验。不仅要抽检产品，还需检查影响产品质量的生产因素，重点是关键工序。

（3）在线检验。在线检验指在流水线生产中，完成每道或数道工序后所进行的检验。一般要在流水线中设置几个检验工序。

（4）完工检验。完工检验指对一批加工完的半成品进行全面的检验。

3）最终检验（final quality control，FQC）

最终检验是指对完工后的产品入库前或发到用户手中之前进行的一次全面检验，这是最关键的检验。最终检验包括以下几个方面：

（1）成品检验。成品检验是在生产结束后、产品入库前对产品进行的常规检验。一般为常规项目，如感官检验、部分理化指标、非致病性微生物指标、包装等。

（2）型式检验。检验项目包括该产品标准对产品的全部要求，即包括常规检验项目和非常规检验项目。型式检验是对标准中规定的全部项目进行检验；出厂检验是检验部分项目。由于非常规检验（农药兽药残留、重金属、致病菌等）大多历时长、耗费大，不可能每批入库（或出厂）时都做。一般每个生产季节应进行一次型式检验。

但下列情况之一者，亦应进行型式检验：

① 新产品或老产品转厂生产的试制定型鉴定。

② 正式生产后，如原材料、工艺有较大改变，可能影响产品性能时。

③ 产品生产中定期、定量的周期性考核。

④ 产品长期停产后，恢复生产时。

⑤ 出厂检验结果与上一次型式检验有较大差异时。

⑥ 国家质量技术监督部门提出型式检验的要求时。

（3）出厂检验。出厂检验也称交收检验，指将仓库中的产品送交客户前进行的检验。虽然产品入库前已经进行了严格的检验，但由于食品有保质期，所以出厂检验是必要的。出厂检验的项目可以同入库检验一样，也可以从入库检验的项目中选择一部分进行。但要注意，只有型式检验在有效期内、出厂检验合格的产品，才有根据判定它符合质量要求。

2. 按被检验产品的数量分类

（1）全数检验（全检）。全数检验又称百分之百检验、全面检验。是对所提交检验的全部产品逐件按规定的标准检验，以判定每个产品合格与否。

（2）抽样检验。按预先确定的抽样方案，从交验批中抽取规定数量的样品构成一个样本，通过对样本的检验推断批合格或批不合格。可分为：

① 统计抽样检验。又分为计数抽样检验、计量抽样检验。

② 非统计抽样检验。如百分比抽样检验，其方案不是由统计技术决定，是不科学、不合理的抽样检验，应予淘汰。

3. 按质量特性的数据性质分类

（1）计量值检验。计量值检验需要测量和记录质量特性的具体数值，取得计量值数据，并根据数据值与标准对比，判断产品是否合格。可应用直方图、控制图等统计方法进行质量分析，以获得较多的质量信息。

（2）计数值检验。所获得的质量数据为合格品数、不合格品数等计数值数据，而不能取得质量特性的具体数值。

4. 按检验后样品的状况分类

（1）破坏性检验。破坏性检验指只有将被检验的样品破坏以后才能取得检验结果的检验，如食品品尝、食品化学检验等。

（2）非破坏性检验。非破坏性检验指检验过程中产品不受破坏、产品质量不发生实质性变化的检验。如食品重量的测量、金属探测检验。

5. 按检验目的分类

（1）生产检验。生产检验指生产企业在产品形成的整个生产过程中的各个阶段所进行的检验。如食品的出厂检验。其目的是保证生产企业所生产的产品质量。生产检验执行内控标准。

（2）验收检验。验收检验指顾客（需方）在验收生产企业（供方）提供的产品所进行的检验。其目的是为顾客保证验收产品的质量。验收检验执行验收标准。

（3）监督检验。监督检验指经各级政府主管部门所授权的独立检验机构，按质量监督管理部门制定的计划，从市场抽取商品或直接从生产企业抽取产品所进行的市场抽查监督检验。其目的是对投入市场的产品质量进行宏观控制。

（4）验证检验。验证检验指各级政府主管部门所授权的独立检验机构，从企业生产的产品中抽取样品，通过检验验证企业所生产的产品是否符合所执行的质量标准要求的检验。如产品标准中的型式检验、产品质量认证中的型式检验。

（5）仲裁检验。仲裁检验指当供需双方因产品质量发生争议时，由各级政府主管部门所授权的独立检验机构抽取样品进行检验，提供仲裁机构作为裁决的技术依据。申请人可以直接向质量检验机构提出申请，也可以通过质量技术监督部门向质量检验机构提出申请。

6. 按供需关系分类

（1）第一方检验。生产方（供方）称为第一方，指生产企业自己对自己所生产的产品进行的检验。实际就是生产检验。

（2）第二方检验。使用方（顾客、需方）称为第二方。需方对采购的产品或原材料、外购件、外协件及配套产品等所进行的检验。实际就是进货检验（买入检验）和验收检验。

（3）第三方检验。由各级政府主管部门所授权的独立检验机构称为公正的第三方。如监督检验、验证检验、仲裁检验。

7. 按检验人员分类

（1）自检。自检指由生产工人在生产过程中对自己所生产的产品根据质量要求进行自我检验。主要使用于工序检验。“三自”检验制，即操作者的“自检、自分、自作标记”。

（2）互检。互检指由同工种或上下道工序的生产工人之间对生产的产品进行相互检验。如上下工序间及交接班之间。

（3）专检。专检指由企业质量检验机构直接领导，专职检验人员对产品进行检验。

如原材料检验、主要工序检验、半成品和成品检验；质量检验的主体应行使质量否决权。“三检”制即自检、互检、专检。

8. 按检验周期分类

（1）逐批检验。逐批检验指对生产过程所产生的每一批产品，逐批进行的检验。其目的是判断批产品的合格与否。

（2）周期检验。周期检验指从逐批检验合格的某批或若干批中按确定的时间间隔（季或月）所进行的检验。其目的是判断周期内的生产过程是否稳定。

9. 按检验的效果分类

（1）判定性检验。判定性检验指依据产品的质量标准，通过检验判断产品合格与否的符合性判断。

（2）信息性检验。信息性检验指利用检验所获得的信息进行质量控制的一种现代检验。既是检验又是质量控制，具有很强的预防功能。

（3）寻因性检验。寻因性检验指在产品的设计阶段，通过充分的预测，寻找可能产生不合格的原因（寻因），有针对性地设计和制造防差错装置，用于产品的生产制造过程，杜绝不合格品的产生。

10. 按检验项目性质分类

（1）常规检验。常规检验为每批产品必须进行的检验，如感官指标、净含量、部分理化指标、非致病性微生物指标、包装等。

（2）非常规检验。非常规检验为非逐批进行的检验，如农药兽药残留、重金属、致病菌等。

11. 按检验方法分类

（1）感官检验。

（2）理化检验。

（3）微生物检验。

二、食品质量检验计划

（一）质量检验计划的概念和作用

1. 质量检验计划的概念

质量检验计划指对检验涉及的活动、过程和资源做出规范化的书面文件规定，用以指导检验活动正确、有序、协调地进行。

2. 质量检验计划的作用

（1）有利于质量和效率的提高。

（2）提高检验的经济效果。

（3）明确检验人员的责任和权利。

（4）有利于检验工作的规范化、科学化和标准化，使产品质量在制造过程中更好地处于受控状态。

（二）质量检验计划的编制

1. 编制检验流程图及其说明

检验流程图是对企业检验活动的总体安排，是表明从原料或半成品投入到最终生产出成品的整个过程中，安排各项检验工作的一种图表，是正确指导检验活动的重要依据。检验流程图一般包括检验点的设置、检验项目和检验方法等内容，可结合产品工艺流程图进行绘制、确定检验流程（过程、路线），体现检验的相互顺序。在需要控制和检验的部位、处所，添加检验点（站、组）和检验的具体内容、方法。

（1）检验点的设置。应根据技术上的必要性、经济上的合理性和管理上的可行性来安排。一般设置在原料进货处、半成品入库处和成品入库处。也应设置在质量控制的关键部位（工序）、出现问题较多处、消费者反馈意见较多处。

（2）检验项目。根据产品要求、产品技术标准、质量特性的重要程度确定所需要检验的项目。企业所执行的标准有验收标准和内控标准。按重要程度质量特性可分为关键质量特性、重要质量特性和一般质量特性。

（3）检验方法。根据工序能力和质量特性的重要程度，明确各检验点及各检验项目所采取的检验方法。

2. 明确职责和权限

（1）有关质量检验策划与检验计划修改的职责及权限。

（2）有关检验实施的职责与权限，如抽样、测量、分析、判断、报告等。

（3）有关不合格品处置的职责与权限。

（4）有关出现争议时仲裁和协调的职责与权限。

3. 编制检验指导书

检验指导书即检验规程或检验卡片，是指导检验人员开展检验工作的文件。如原料检验指导书、成品检验指导书等。其在工作场所提供了连续可使用的指导，并且可帮助上一级人员对新员工起指导作用。基本内容包括以下几个方面：

（1）检验对象及其在检验流程上的位置。

（2）所要检验的质量特性。

（3）检验方法。包括以下几种：

① 检验人员的资格要求。

② 抽样方案。抽样检验时有关规定和数值（如样品容量、*AQL*、检查水平、合格判定数等）、检测频率（如每小时检验一次）。

③ 所用设备的要求。计量器具、仪器设备的名称、型号、规格和编号，甚至使用方法等。

④ 操作规程等。
（4）接收准则。
（5）记录和报告要求。

4. 编制相关资源需求计划

编制相关资源需求计划，即确定所需的检验人员及其资格要求、培训计划，所需的测量试验及其精密度要求等。

三、食品质量检验组织

（一）组织结构

食品企业必须建立质量检验组织结构，配有合格的专职检验人员、检验仪器设备和检验室。质量检验部门由一名主管（总检验师）领导，各检验员按职责要求完成各自的检验工作。

（二）检验部门的职责

（1）制定检验计划，编制检验人员所用的全部手册和检验程序。
（2）制定产品及工序的检验标准。
（3）制定人员、设备和供应等方面的部门预算。
（4）参与设计检验场地，选择设备和仪器；设计工作方法。
（5）分配检验人员的工作，监督和评定他们的工作成绩。
（6）在调查和解决质量问题上，以及在其他跨部门工作中同其他部门协调。
（7）复核不合格产品的情况，参与确定处置方法。
（8）负责原材料、过程和产品的质量检验，并提出检验报告。
（9）参与制定有关质量方面必需的文件。
（10）负责组织检验人员的培训工作。
（11）负责建立和管理质量档案。

（三）检验人员应该具备的条件

（1）必须取得食品检验工初级以上工种资格证书。
（2）具备较高的检验水平。
（3）具备较强的分析问题的能力。

工作任务

某种食品加工过程质量检验计划的制定

【任务目标】请参照本书制定某种食品加工过程的质量检验计划。
【要求】质量检验计划要求科学、准确、全面、合理，具有应用价值和可实施性。

【说明】

（1）在仔细阅读工作任务要求后，回答引导问题。如果有需要可运用媒体工具作为辅助措施。这些伴随的提问涉及了对于这个工作任务重要的知识领域。

（2）按照检验流程制定食品质量检验计划的草案。

（3）请与老师讨论引导问题及任务草案。

（6）修改任务草案，并完成食品质量检验计划的制定。

【引导问题】

（1）你是否知道食品质量检验计划的内涵？

（2）你是否了解食品质量检验计划的基本内容？

（3）你是否知道食品质量检验计划制定的目的？

（4）你是否知道食品质量检验计划制定的基本步骤？

以上问题如果回答不是，请认真查阅本书及参考资料，收集一些食品企业的相关资料。

一、工作流程

制定工作计划→本书及参考资料的认知→引导问题的回答→进行食品质量检验计划的调查或网上查询→食品质量检验计划草稿的制定→与老师讨论→修改草稿→任务完成。

二、参考资料

参阅本书相关内容。

三、检查评估

工作任务完成后填写工作任务检查评估表（表2-1）。

表2-1　工作任务检查评估表

班级 ________ 姓名________ 学号 ________ 小组 ________ 时间 ________

	能力	内容	评分			
			自评（30%）	互评（30%）	教师评价（40%）	合计
能力评测	专业能力	能掌握食品质量检验计划的基本概念（10分）				
		能熟悉食品质量检验计划的基本内容（10分）				
		能掌握食品质量检验计划制定的基本步骤（20分）				
		能完成食品质量检验计划的制定工作（20分）				
	通用能力	团队合作（10分）				
		创新能力（10分）				
		学习能力（10分）				
		口头表达能力（10分）				
	小计					

目标检测

一、填空题

（1）质量检验按对产品损坏程度可分为________和________。

（2）质量检验按生产过程顺序分类，可以分为 ________ ________ ________ 。

二、单项选择题

（1）（　　）是质量检验最重要、最基本的功能。

A．鉴别功能　　B．把关功能　　C．预防功能　　D．报告功能

（2）检验站设置考虑的基本原则之一是（　　）。

A．检验人员休息方便　　B．检验人员交接班方便

C．检验人员工作负荷适当　　D．检验人员之间联系方便

（3）破坏性检验不宜采用（　　）。

A．免检　　B．全检　　C．抽检　　D．部分检验

单元二　食品现场质量管理

学习目标

（1）掌握现场质量管理工作的目标和内容。

（2）掌握5S管理的基本理念及活动的实施过程。

理论知识

一、现场质量管理

管理是将要做的工作合理地、高效率地完成的过程。现场是指利用人员、设备、既定的作业方法，将材料加工、装配成制品的场所。现场管理人员是指在企业组织中，拥有相应的权利，对现场的作业人员、材料、设备、作业方法等生产要素，直接指挥和监督的人。

（一）现场质量管理目标

现场中要管理的对象（生产要素），可分为：人员、设备、材料、作业方法、作业环境等。围绕这些对象而展开的各种管理目标中，最根本的可概括为：提升品质、降低成本、确保交货期、确保人身安全、提高士气。

（二）现场管理人员的基本条件

现场管理人员应具备：掌握管理工作的相关知识，熟知职务责任的相关知识，具有

改善的工作技能、一定的教育技能及处理人际关系的技能。

（三）现场观察

现场观察就是到生产现场，进行实地观察、询问，以调查了解生产现场管理的状况和存在的问题，主要包括以下几个方面：

（1）安全文明生产。包括企业环境卫生、厂容、车间和工作地的整洁。各种物品的定置情况，安全设施和安全规章的执行情况，有无跑、冒、滴、漏情况等。

（2）目视管理。岗位责任制的公布、工作任务和完成情况的公布，作业规程和标准的公布，定置图的公布，各种物品的彩色标志，安全生产的标志，人员着装的情况等。

（3）劳动条件。如照明、粉尘、温度、湿度、噪声、通风、劳动强度等。

（4）工艺和质量。生产工序的机械化和自动化水平，产品和零部件的工艺技术精度和难度，产品或零部件的废品率和返修率，有无工艺文件、检验标准及其执行的严格程度和变动程度，操作人员的技术水平和熟悉程度，工序质量控制点的管理状况等。

（5）物流管理。采用何种生产的空间组织形式，设备布置的合理性，物流路线和运输路线是否合理等。

（6）作业计划和调度。有无车间的月度、旬、周短期进度计划。作业计划下达的及时性，生产的均衡率、配套率，有哪些度量标准及执行的严格程度，计划变动的频繁程度，调度制度及调度的权威性等。

（7）设备管理。设备的新度、精度以及对产品质量和任务的保证程度，通过现场设备的使用、停放、维修、润滑、擦洗等，判断设备的使用、保养、抢修的状况与质量等。

（8）工艺装备。工具、量具、模具、夹具的装备数量和复杂程度，能否保证产品质量的需要。工具器具的装备和使用情况，工具箱的管理，搬运活性系数的大小等。

（9）劳动组织。作业班组的规模（平均人数），作业组的形式，维修、电工、搬运等辅助作业组的组织方法，开工班次，轮班组织形式，各班人员配备的均衡程度及夜班服务工作等。

（10）定额管理。定额水平的高低，定额的实际使用情况及超额的平均水平等。

（11）职工工作热情。操作者的性别、年龄与生产技术要求是否一致，职工的精神状态、劳动热情、效率和工作紧张程度，生产现场劳动纪律的遵守状况、利用瞬时观察法概略估算现场人员的工时利用水平。

（12）设备开工率。利用瞬时观察法概略估算设备的开工率。

（13）搬运。观察了解生产中的搬运工具、方法、道路、批量、人员等的合理程度。

（14）在制品管理。车间在制品的质量、数量及检验方法，合格品、废次品的堆放与隔离，在制品的堆放位置、方法、数量和转移手续。

（15）仓库管理。原材料、半成品、成品在库房的存放数量、方法、位置和分处隔离状况，物品出入库手续和存放条件是否合适，物料的台账及卡片是否齐全等。

（16）生活设施。了解车间的休息室、衣帽柜设施状况、工厂食堂、澡堂、交通车等条件及其对职工生产、生活的影响程度。

二、5S 管理

（一）5S 管理的起源

5S 管理起源于日本，是指在生产现场中对人员、机器、材料、方法等生产要素进行有效的管理，这是日本企业独特的一种管理办法。5S 管理就是整理（seiri）、整顿（seiton）、清扫（seiso）、清洁（seiketsu）、素养（shitsuke）五个项目，因日语的罗马拼音均以“S”开头而简称 5S 管理。1955 年，日本 5S 的宣传口号为“安全始于整理，终于整顿”。当时只推行了前两个 S，其目的仅为了确保作业空间和安全。后因生产和品质控制的需要而又逐步提出了 3S 管理，也就是清扫、清洁、素养，从而使应用空间及适用范围进一步拓展。到了 1986 年，日本的 5S 管理著作逐渐问世，从而对整个现场管理模式起到了冲击的作用，并由此掀起了 5S 管理的热潮。

（二）5S 管理的含义与做法

整理（seiri）：把工作场所内不要的东西坚决清理掉。

整顿（seiton）：使工作场所内所有的物品保持整齐有序的状态，并进行必要的标识。杜绝乱堆乱放、产品混淆、该找的东西找不到等无序现象的出现。

清扫（seiso）：使工作环境及设备、仪器、工具、量具、材料等始终保持清洁的状态。

清洁（seiketsu）：养成坚持的习惯，并辅以一定的监督检查措施。

素养（shitsuke）：树立讲文明、积极敬业的精神。如尊重别人、爱护公物、遵守规则、有强烈的时间观念等。

企业推行 5S 管理，是指从上述五个方面进行整顿（表 2-2），训练员工，强化文明生产的观念，使得企业中每个场所的环境、每位员工的行为都能符合 5S 精神的要求。

表 2-2　5S 管理的含义与做法

5S	含义	目的	做法/示例
整理	将工作场所的任何物品区分为有必要与没有必要的，除了有必要的留下来以外，其他的都清除或放置在其他地方。它往往是 5S 管理的第一步	腾出空间，防止误用	将物品分为以下几类： 不再使用的；使用频率很低的；使用频率较低的；经常使用的 将第一类物品处理掉，第二、第三类物品放置在贮存处，第四类物品留置工作场所
整顿	把留下来的必要用的物品定点定位放置，并放置整齐，必要时加以标识。它是提高效率的基础	工作场所一目了然，消除找寻物品的时间，建立整齐的工作环境	对可供放置的场所进行规划；将物品在上述场所摆放整齐 必要时还应标识
清扫	将工作场所及工作用的设备清扫干净，保持工作场所干净	保持良好工作情绪，稳定品质	清扫从地面到墙板到天花板所有物品，机器工具彻底清理、润滑，杜绝污染源，如水管漏水，噪声处理，破损的物品修理

续表

5S	含义	目的	做法/示例
清洁	维持上面 3S 的成果	监督	检查表，红牌子作战
素养	每位员工养成良好的习惯，并遵守规则做事。培养主动积极的精神	培养具有良好习惯、遵守规则的员工，营造良好的团队精神	①应遵守出勤、作息时间；②工作应保持良好的状态（如不可以随意谈天说笑、离开工作岗位，看小说、打瞌睡、吃零食等）；③服装整齐，带好识别卡；④待人接物诚恳、有礼貌；⑤爱护公物，用完归位；⑥保持清洁；⑦乐于助人

（三）5S 管理的效用

1. 5S 管理是最佳推销员（sales）

顾客对干净、整洁的工厂有信心，乐于下订单。口碑相传，会有很多人来参观学习。整洁、明朗的环境，会使大家希望到这样的工厂工作。

2. 5S 管理是节约家（saving）

降低很多不必要的材料以及工具的浪费，减少“寻找”的浪费，节省很多宝贵的时间。能降低工时，提高效率。

3. 5S 管理对安全有保障（safety）

宽广明亮、视野开阔的职场，物流一目了然。遵守堆积限制规定，危险处一目了然。走道明确，不会造成杂乱情形而影响工作的顺畅。

4. 5S 管理是标准的推动者（standardization）

以“三定”“三要素”原则规范现场作业。大家都正确地按照规定执行任务。程序稳定，带来品质稳定，成本也稳定。

5. 5S 管理可形成令人满意的场所（satisfaction）

形成明亮、清洁的工作场所。员工亲自参与其中，有成就感，还能改善现场全部人员的气氛。

（四）如何在实施 ISO 9000 的企业中推行 5S 管理

（1）确定推行组织。实施 ISO 9000 的企业内通常会有一个类似于 ISO 9000 领导小组的机构，没有特殊情况的话，给该机构赋予推行 5S 管理的职能比较恰当。

（2）制定激励措施。激励措施是推动工作的发动机，实施 ISO 9000 的企业往往会有相应的激励措施出台，可以在制定该措施时纳入有关 5S 管理的激励内容。

（3）制定适合本企业的 5S 管理指导性文件。推行 5S 管理也要编制相应的文件，这些文件可列入 ISO 9000 质量体系文件的第三层文件范畴中。

（4）培训、宣传。培训的对象是全体员工，主要内容是5S管理基本知识，以及本企业的5S指导性文件。本阶段可与实施ISO 9000的文宣阶段结合起来进行。

（5）全面执行5S管理。这是推行5S管理的实质性阶段。本阶段可与ISO 9000质量体系运行阶段结合起来进行。

（6）监督检查。本阶段可以与ISO 9000质量体系中的内部质量审核活动结合起来进行。

（五）5S管理的推行要领及步骤

1. 整理的推行要领

（1）对工作场所（范围）进行全面检查，包括看得到和看不到的。

（2）制定“要”和“不要”的判别基准。

（3）不要物品的清除。

（4）要的物品要调查使用频度，决定日常量。

（5）制定废弃物品的处理方法。

（6）每日自我检查。

因为不整理而发生的浪费包括以下几种情况：

（1）空间的浪费。

（2）使用棚架或柜橱的浪费。

（3）因零件或产品变旧，而不能使用的浪费。

（4）放置处变得窄小。

（5）不要的东西也要管理的浪费。

（6）库存管理或盘点花时间的浪费。

2. 整顿的推行要领

（1）前一步骤整理的工作要落实。

（2）需要的物品明确放置场所。

（3）摆放整齐、有条不紊。

（4）地板画线定位。

（5）场所、物品的标示。

（6）制定废弃物的处理办法。

整顿的“三要素”：场所、方法、标示。

放置场所：①物品的放置场所原则上要100%设定；②物品的保管要定点、定容、定量；③生产线附近只能放真正需要的物品。

放置方法：①易取；②不超出所规定的范围；③在放置方法上多下工夫。

标示方法：①放置场所和物品原则上一对一标示；②物品的标示和放置场所的标示；③某些标示方法全公司要统一；④在标示方法上多下工夫。

整顿的“三定”原则：定点、定容、定量。

（1）定点。放在哪里合适（具备必要的存放条件，方便取用、还原放置的一个或若干个固定的区域）。

（2）定容。用什么容器、颜色（可以是不同意义上的容器、器皿类的物件，如筐、桶、箱、篓等，也可以是车、特殊存放平台甚至是一个固定的存贮空间等均可当作容器看待）。

（3）定量。规定合适的数量（对存贮的物件在量上规定上下限，或直接定量，方便将其推广为容器类的看板使用，一举两得）。

3. 清扫的推行要领

（1）建立清扫责任区（室内、室外）。

（2）开始一次全公司的大清扫。

（3）每个地方清扫干净。

（4）调查污染源，予以杜绝或隔离。

（5）建立清扫基准，作为规范。

4. 清洁的推行要领

（1）落实前面 3S 管理工作。

（2）制定目视管理及看板管理的基准。

（3）制定 5S 管理实施办法。

（4）制定点核方法。

（5）制定奖惩制度，加强执行。

（6）高级主管经常带头巡查，带动全员重视 5S 活动。

5. 素养的推行要领

（1）制定服装、臂章、工作帽等识别标准。

（2）制定公司有关规则、规定。

（3）制定礼仪守则。

（4）教育训练。

（5）推动各种激励活动。

（6）遵守规章制度。

（7）推行打招呼、礼貌活动。

（六）实施技巧

1. 检查表

检查表应依据所出台的 5S 管理书面规定编制，如表 2-3 所示。

表 2-3　5S 检查表范例

场所	检查对象	检查项目	记录
车间	通道	是否画线（整顿）	
		有没有无用的物品堆放（整理）	
		通道能否顺利通行（整顿）	
		地面是否平整（清扫）	
		地面是否干净（清扫）	
办公室	办公现场	办公现场有无无用物品	
		使用频率低的物品是否放置贮存处	
		经常使用的物品是否摆放在办公现场	
		物品摆放是否有合理规划，容易寻找	
		物品摆放是否整齐	
		抽屉、柜筒、文件类物品是否有标志	
		办公现场是否清洁	
		办公设施是否干净	

2. 牌子作战

在不良之所贴上醒目的红牌子以待该部门人员改进。各部门的目标就是尽量减少“红牌”的发生机会。

（七）5S 管理实施范例

5S 管理实施范例如图 2-2～图 2-5 所示。

图 2-2　车间标线

图 2-3　楼梯步行方向的标示

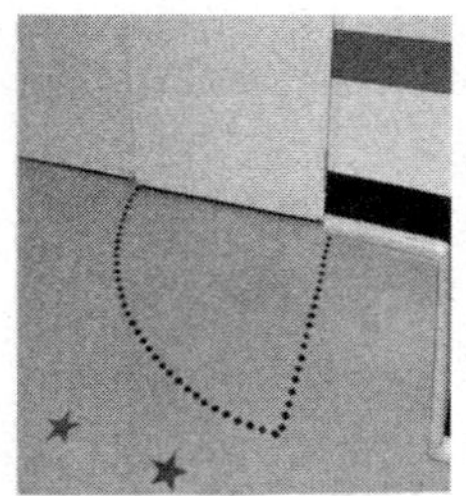

图 2-4　门开关线的标示

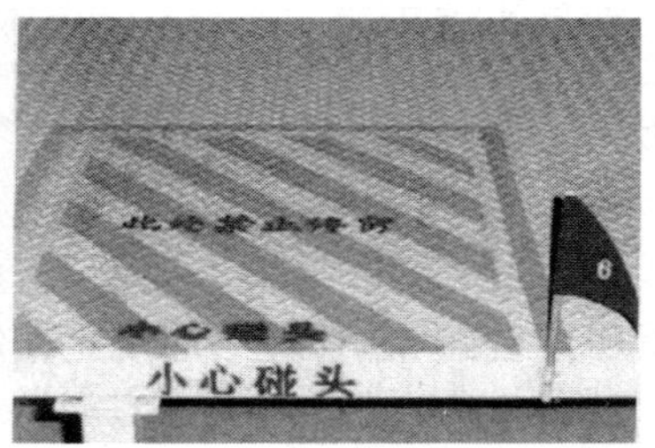

图 2-5　虎纹

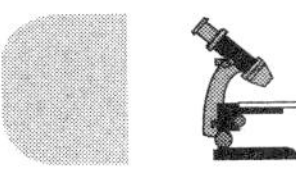

工作任务

制定《现场5S管理提升方案书》

【任务目标】 请根据背景材料提出该集团生产现场整改思路，并制定《现场5S管理提升方案书》。

【背景材料】

某著名家电集团（以下简称A集团），为了进一步夯实内部管理基础、提升人员素养、塑造卓越企业形象，希望借助专业顾问公司全面提升现场管理水平。集团领导审时度势，认识到要让企业走向卓越，必须先从简单的ABC开始，从5S管理这种基础管理抓起。通过现场诊断发现，A集团经过多年的现场管理提升，管理基础扎实，某些项目（如质量方面）处于国内领先地位。现场问题主要体现为以下三点：

（1）工艺技术方面较为薄弱。现场是传统的流水线大批量生产，工序间存在严重的不平衡，现场堆积了大量半成品，生产效率与国际一流企业相比，存在较大差距。

（2）细节的忽略。在现场随处可以见到物料、工具、车辆搁置，手套、零件在地面随处可见，员工熟视无睹。

（3）团队精神和跨部门协作的缺失。部门之间的工作存在大量的互相推诿、扯皮现象，工作更缺乏主动性，而是被动地等、靠、要。

【要求】 根据现场诊断出的问题，运用5S管理理论与方法提出整改思路，思路清晰、合理，现场5S管理提升方案书的制定具有可实践性，充分体现5S管理的优势。

【说明】

（1）在仔细阅读工作任务要求后，回答引导问题。如果有需要可运用媒体工具作为辅助措施。这些伴随的提问涉及了对于这个工作任务重要的知识领域。

（2）按照工作流程提出整改思路、制定《现场5S管理提升方案书》。

（3）请与指导老师讨论引导问题及《现场5S管理提升方案书》。

（4）修改任务草案，并完成《现场5S管理提升方案书》。

【引导问题】

（1）你是否知道5S管理的内涵？

（2）你是否了解5S管理的具体实施要领？

（3）你是否能查找5S管理实施的具体技巧，并学习、了解？

（4）你是否能运用5S管理解决背景材料的问题？

以上问题如果回答不是，请认真查阅本书及参考资料，收集一些食品企业的相关资料。

一、工作流程

制定工作计划→本书及参考资料的认知→查找相关5S管理实施的具体材料→引导问题的回答→提出整改思路→制定现场5S管理提升方案书→与指导教师讨论→修改草

稿→任务完成→检查评估。

二、参考资料

1. 怎样做好以 5S 为主的现场管理

公司质量管理处编写《现场管理》宣传培训材料，发到各车间生产班组。举办车间主任和相关职能处室领导参加的公司现场管理培训班，然后由各单位领导在本单位组织全员培训，使大家都知道现场管理的要求、5S 管理法和考核标准。公司对车间员工进行现场管理知识抽查考试，公布成绩。通过培训和宣传，做到人人知晓，营造氛围。

2. 一把手工程

为了加大现场管理的力度，公司最高管理者应明确提出现场管理是一把手工程。各生产车间一把手具体负责现场管理工作，抓落实、抓考核、抓奖罚。公司视各车间现场管理工作的优劣作为对一把手考核、奖罚和任免的依据。车间主任应经常在现场巡视，对现场管理出现的问题随时要求员工纠正，做到雷厉风行。

3. 日检查，日公布

各车间都应成立现场管理检查组，做到日检查、日公布，当日检查出来的问题，在第二日要公布整改结果。质量管理处是公司现场管理的组织部门，每周对车间现场管理应按考核标准进行检查，每月向全公司公布车间排名和得分情况，并与奖罚挂钩。奖罚激励机制可使车间的日检查、日公布工作得以坚持下去，可促进现场管理得到不断的改善。

4. 职能处室齐上阵

职能处室都尽职尽责地配合车间做好现场管理工作，现场管理应从环境卫生、物品定置向设备维护、产品质量等深层次扩展。如总工办、产品所、工艺所要保证生产现场的技术文件的正确、完整、统一；生产处要抓好物流管理；设备处要加强对车间设备的巡视、维修和指导；质检处要做好首检、巡检和终检等。

5. 规范管理行为

规范管理行为是推选以 5S 为主的现场管理的保证。公司应制定一系列现场管理的制度和规定，设计各种记录表，每个车间还应配置现场管理专用板，内容包括现场管理要求，日检查、周检查公布栏和员工 5S 条例等。各车间都应制定《5S 现场管理实施方案》。通过执行严格的规章制度、填写细致的记录表格和对照条例要求，以调动广大员工的积极性和自觉性。从约束员工个人行为走向规范组织管理行为，这是现场管理质的提高。

三、检查评估

工作任务完成后填写工作任务检查评估表（表 2-4）。

表 2-4　工作任务检查评估表

班级 ________ 姓名 ________ 学号 ________ 小组 ________ 时间 ________

	能力	内容	评分			
			自评（30%）	互评（30%）	教师评价（40%）	合计
能力评测	专业能力	能掌握 5S 管理的内涵（10 分）				
		能掌握 5S 管理的具体实施步骤（10 分）				
		能分析正确背景材料的问题（20 分）				
		能完成 5S 管理提升方案（20 分）				
	通用能力	团队合作（10 分）				
		交流沟通的能力（10 分）				
		研究创新能力（10 分）				
		组织管理能力（10 分）				
	小计					

目标检测

一、填空题

（1）5S 管理是指________、________、________、________、________。

（2）工作中吃花生、瓜子，抽烟、烟头任意乱丢属于 5S 中的________范畴。

（3）区分工作场所内的物品为“要用的”和“不要用的”属于 5S 中的______范畴。

（4）整顿最主要是针对_______不被浪费。

（5）整顿过程中的“三定”原则是_______、________、________。

二、判断题

（1）清扫并不仅仅是打扫，而是生产制造工程中重要的一部分，清扫是要用心来做的。（　　）

（2）工厂脏乱没关系，产品好销就行。（　　）

（3）公司与全体员工必须永远抱着要推进 5S 的态度。（　　）

（4）5S 管理竞赛等活动中所执行的奖惩只是一种形式，而团体的荣誉与不断进步才是最重要的。（　　）

（5）生产作业人员或责任者每日应认真执行逐一点检工作，主管人员要做不定期的复查。（　　）

（6）工厂什么地方有什么东西，我们有经验，靠感觉就可以了。（　　）

（7）长年养成的工作习惯，虽然不合理，但容易工作，不必以公司的制度规定来约束，这样反而不便。（　　）

（8）5S 管理是一种持之以恒的项目，不能坚持的话，则 5S 管理难以成功，若能脚踏实地加以改善的话，则 5S 活动将逐见功效。（　　）

三、单项选择题

（1）5S 管理是一项（　　）的工作。

A．暂时性 B．流行的 C．持久性 D．时尚的

（2）5S 管理是（ ）责任。

A．总经理 B．推行小组 C．中层干部们 D．公司全体员工

（3）公司需要整顿的地方是（ ）。

A．工作现场 B．办公室

C．全公司的每个地方 D．仓库

（4）我们对 5S 管理的态度应该是（ ）。

A．口里应付，走形式 B．积极参与行动

C．事不关己 D．看别人如何行动再说

（5）公司的 5S 管理应做到（ ）。

A．随时随地都得做，靠大家持续做下去 B.做三个月就可以了

C．第一次靠有计划地大家做，以后靠干部做 D．车间来做就行了

（6）5S 管理中最重要的，即理想的目标是（ ）。

A．人人有素养 B．地、物干净

C．工厂有制度 D．产量高

（7）5S 管理和产品质量的关系应为（ ）。

A．工作方便 B．改善品质 C．增加产量 D．没有多大关系

（8）整理最主要是针对（ ）不被浪费。

A．时间 B．空间 C．工具 D．包装物

单元三 食品质量法规与标准

学习目标

（1）了解中国、国际食品质量法规的基本情况，熟悉法律、法规、标准的相互关系，掌握食品法律、法规和标准的地位与作用。

（2）了解国内外有关食品标准和标准化的基本情况和发展动态。

（3）具备自主检索法律、法规、标准的能力，能根据要求贯彻实施标准，能在实际生产中应用法律、法规、标准解决问题。

理论知识

一、中国食品质量法规与标准

食品法规与标准是从事食品生产、营销和贮存以及食品资源开发与利用必须遵守的行为准则，也是食品工业持续健康发展的根本保障。

（一）中国食品质量法规

1. 中国食品法律法规

食品法律法规指的是由国家制定的适用于食品生长、生产、收获、加工和销售环节的一整套法律规定，其中食品法律和由职能部门制定的规章，是食品生产、销售企业必须强制执行的。食品法律法规是国家对食品进行有效监督管理的基础。我国目前已基本形成了由国家基本法律、行政法规和部门规章构成的食品法律法规体系。

《中华人民共和国食品安全法》是我国食品安全卫生法律体系中层级最高的规范性文件，是制定从属性食品安全卫生法规、规章及其他规范性文件的依据。我国食品法律是以《中华人民共和国食品安全法》为主导，辅之以《中华人民共和国产品质量法》《中华人民共和国消费者权益保护法》《中华人民共和国进出口商品检验法》《中华人民共和国标准化法》《中华人民共和国农产品质量安全法》《中华人民共和国农业法》《中华人民共和国动物防疫法》《中华人民共和国广告法》《中华人民共和国商标法》等法律中有关食品质量安全的相关规定构成的集合法群。

2.《中华人民共和国食品安全法》

（1）制定和实施食品安全法的意义。2009 年 2 月 28 日第十一届全国人民代表大会常务委员会第七次会议审议通过并颁布《中华人民共和国食品安全法》，于 2009 年 6 月 1 日起施行。食品安全法的颁布取代了 1995 年 10 月 30 日颁布的食品卫生法，它是在食品卫生法实施十多年经验的基础上，吸收了其成功经验，保留其中有效的规定，针对近年来我国食品安全领域出现的问题，针对食品安全发展形势，做了大量的修改和补充，建立的更加完善的食品安全管理制度。

2015 年 4 月 24 日中华人民共和国第十二届全国人民代表大会常务委员会第十四次会议修订通过《中华人民共和国食品安全法》，自 2015 年 10 月 1 日起施行。2018 年 12 月 29 日第十三届全国人民代表大会常务委员会第七次会议修正。2021 年 4 月 29 日第十三届全国人民代表大会常务委员会第二十八次会议再次修正。

《中华人民共和国食品安全法实施条例》是根据《中华人民共和国食品安全法》制定。由中华人民共和国国务院于 2009 年 7 月 20 日发布。2019 年 3 月 26 日国务院第 42 次常务会议修订通过，由国务院于 2019 年 10 月 11 日修订发布，自 2019 年 12 月 1 日起施行。

食品安全法的制定实施，对增强食品安全监管工作的规范化、科学性和有效性，提高我国食品安全整体水平，促进市场经济和食品安全的健康发展，更好地保障人民群众身体健康等方面，具有十分重要的意义。

（2）食品安全法的主要内容。食品安全法共分十章一五四条，内容为总则、食品安全风险监测和评估、食品安全标准、食品生产经营、食品检验、食品进出口、食品安全事故处置、监督管理、法律责任、附则。主要规定了食品安全法应用范围，建立了食品安全监管体制，提出在国务院设立食品安全委员会，规定了县级以上卫生行政、农业行政、质量监督、工商行政管理、食品药品监督管理等部门的食品安全监管职责，明确了食用农产品流通各环节的监管机制，建立了食品安全风险监测评估机制和国家食品安全信息发布制度，调整了食品安全标准制定、发布体系，明确了食品安全事故处置机制、食品生产经营的要求、食品生产经营者责任义务及食品安全违法行为的处罚原则。

3.《中华人民共和国产品质量法》

《中华人民共和国产品质量法》于 1993 年 2 月 22 日第七届全国人民代表大会常务委员会第十三次会议通过，2000 年 7 月 8 日第九届全国人民代表大会常务委员会第十六次会议对该部法律进行了修正，自 2000 年 9 月 1 日起施行。2018 年 12 月 29 日，第十三届全国人民代表大会常务委员会第七次会议进行修正。

产品质量法属于产品质量基本法，是全面、系统地规范产品质量问题的重要经济法。共六章七十四条，内容包括总则、产品质量的监督、生产者、销售者的产品质量责任和义务、损害赔偿、罚则、附则。

产品质量法第二条规定产品是指经过加工、制作，用于销售的产品。其适用的主体是在我国境内从事产品生产、销售活动的公民、法人和其他组织。这说明，无论是国有企业、集体所有制企业、私营企业，还是个体工商户、合伙企业，都必须遵守产品质量法的规定。

4.《中华人民共和国进出口商品检验法》及其实施条例

《中华人民共和国进出口商品检验法》由第七届全国人民代表大会常务委员会第六次会议于 1989 年 2 月 21 日通过，根据 2002 年 4 月 28 日第九届全国人民代表大会常务委员会第二十七次会议《关于修改〈中华人民共和国进出口商品检验法〉的决定》修正，于 2002 年 10 月 1 日起正式施行。现行《中华人民共和国进出口商品检验法》于 2021 年 4 月 29 日第十三届全国人民代表大会常务委员会第二十八次会议修正。

2005 年 8 月 10 日，国务院第 101 次常务会议审议通过了新的《中华人民共和国进出口商品检验法实施条例》。2005 年 8 月 31 日正式发布了条例，自 2005 年 12 月 1 日起施行。条例分别于 2013 年、2016 年、2017 年、2019 年进行了四次修订，2022 年 3 月 29 日第五次修订。

进出口商品检验法共有六章三十九条，内容为总则、进口商品的检验、出口商品的检验、监督管理、法律责任、附则。进出口商品检验法实施条例分为总则、进口商品的检验、出口商品的检验、监督管理、法律责任、附则，共六章五十九条。

5.《中华人民共和国农业法》

《中华人民共和国农业法》于 1993 年 7 月 2 日第八届全国人民代表大会常务委员会第二次会议通过，根据 2009 年 8 月 27 日第十一届全国人民代表大会常务委员会第十次会议第一次修正，根据 2012 年 12 月 28 日第十一届全国人民代表大会常务委员会第三十次会议《关于修改〈中华人民共和国农业法〉的决定》第二次修正，自 2013 年 1 月 1 日起施行。

农业法是一部农业基本法，体现了农业一体化发展的要求，将“三农”问题作为一个整体加以考虑，增加了有关农产品加工和市场信息服务的内容，规定了“国家支持发展农产品加工业和食品工业，增加农产品附加值”。

农业法共十三章九十九条，内容为总则、农业生产经营体制、农业生产、农产品流通与加工、粮食安全、农业投入与支持保护、农业科技与农业教育、农业资源与农业环境保护、农民权益保护、农村经济发展、执法监督、法律责任、附则。

（二）中国食品质量标准

1. 标准的分类

（1）根据标准适用的范围分为国际标准、区域标准、国家标准、行业标准、地方标准、企业标准，图 2-6 为中国标准分类。

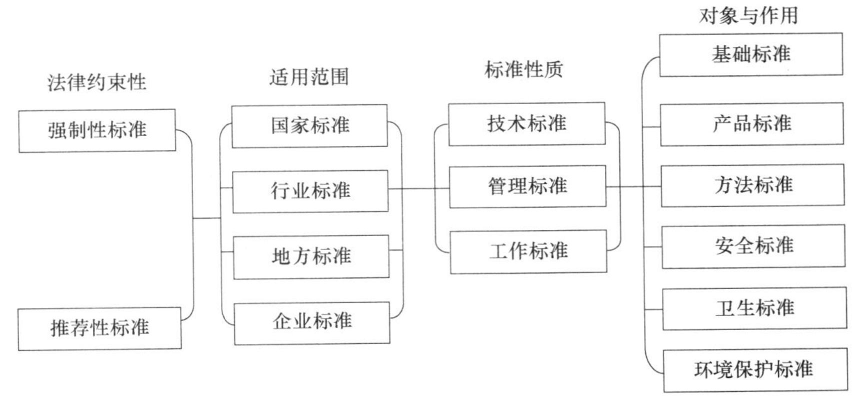

图 2-6　中国标准分类

国家标准是“由国家标准团体制定并公开发布的标准”，主要国家标准代号如表 2-5 所示。我国标准的编号由标准代号、标准发布顺序和标准发布年代号构成（表 2-6）。我国国家标准的代号由大写汉字拼音字母构成，强制性国家标准代号为 GB，推荐性国家标准的代号为 GB/T。

表 2-5　主要国家标准代号

中国	美国	英国	法国	德国	日本	印度	澳大利亚	丹麦
GB	ANSI	BS	NF	DIN	JAS JIS	IS	AS	DS

表 2-6　我国国家标准编号

GB	×××××	—	××××
强制性国家标准代号	标准发布顺序号	—	标准发布年号

行业标准是由行业标准化团体或机构，发布在某行业的范围内统一实施的标准。如美国的材料与试验协会（ASTM）、英国的劳氏船级社标准（LR），都是国际上有权威性的团体标准，在各自的行业内享有很高的信誉。我国的行业标准是对没有国家标准而又需要在全国某个行业范围内统一的技术要求所制定的标准。行业标准的制定不得与国家

标准相抵触，国家标准公布实施后，相应的行业标准即行废止。我国行业标准用行业代号如 QB、NY、FZ、TB 等就是轻工、农业、纺织、铁路运输行业的标准代号。

地方标准是由一个国家的地方部门制定并公开发布的标准。地方标准在本行政区域内适用，不得与国家标准和行业标准相抵触。国家标准、行业标准公布实施后，相应的地方标准即行废止。我国地方标准代号由“DB”加上省、自治区、直辖市行政区划代码前两位数字表示。例如黑龙江省标准表示为“DB23××××”。

企业标准是由企事业单位自行自定、发布的标准，也是对企业范围内需要协调、统一的技术要求、管理要求和工作要求所制定的标准。美国波音公司、德国西门子电器公司等企业发布的企业标准都是国际上有影响的先进标准。我国企业标准代号用“Q”表示。

（2）根据标准的性质分为基础标准、技术标准、管理标准和工作标准四大类。

（3）根据标准化的对象和作用分为产品标准、方法标准、安全标准、卫生标准、环境保护标准。

（4）根据法律的约束性国家标准和行业标准分为强制性标准和推荐性标准。

强制性标准是国家通过法律的形式明确要求对于一些标准所规定的技术内容和要求必须执行，不允许以任何理由或方式加以违反、变更，这样的标准称之为强制性标准，包括强制性的国家标准、行业标准和地方标准。推荐性标准是指国家鼓励自愿采用的具有指导作用而又不宜强制执行的标准，即标准所规定的技术内容和要求具有普遍的指导作用，允许使用单位结合自己的实际情况，灵活加以选用。但推荐性标准一经采用，具有法律上的约束力。推荐性标准在国家或行业标准代号后增加“/T”表示。例如“GB/T××××”等。

2. 中国食品质量标准

食品标准是食品行业中的技术规范，涉及食品行业各个领域的不同方面，它从多方面规定了食品的技术要求。包括食品基础标准、食品产品标准、食品安全卫生标准、食品包装与标签标准、食品检验方法标准、食品管理标准以及食品添加剂标准等。

为了进一步解决我国现行的食品安全标准重叠交叉、缺乏统一的问题，2009 年 6 月 1 日正式施行的《中华人民共和国食品安全法》明确提出建立统一的食品安全国家标准，实现了从食品卫生向食品安全的转变。

我国食品标准按照标准的具体对象可分为不同类型，如以下几类：

（1）食品安全标准。包括例如食品生产车间、设备、环境、人员等生产设施的安全标准，食品原料、产品的安全标准，环境感官指标、理化指标和微生物指标。

（2）食品产品标准。内容较多，一般包括范围、引用标准、相关定义、技术要求、检验方法、检验规则、标志包装、运输和贮存等。其中技术要求是标准的核心部分，主要包括原辅材料要求、感官要求、理化指标、微生物指标等。

（3）食品检验标准。包括适用范围、引用标准、术语、原理、设备和材料、操作步骤、结果计算等内容。

（4）食品包装材料和容器标准。其内容包括卫生要求和质量要求。

（5）其他食品标准。例如食品工业基础标准、质量管理、包装贮运、食品机械设备标准等。

二、国际食品质量法规与标准

（一）与食品有关的国际组织机构

1. 联合国粮食及农业组织

联合国粮食及农业组织（Food and Agriculture Organization of the United Nations，FAO），简称“粮农组织”，是根据1943年5月召开的联合国粮食及农业会议的决议，于1945年10月16日在加拿大魁北克正式成立。1946年12月成为联合国的一个专门机构，现总部设在意大利罗马。粮农组织现有191个成员国和1个成员组织（欧盟）。

2. 世界卫生组织

世界卫生组织（World Health Organization，WHO），简称“世卫组织”，是联合国下属的一个专门机构。1948年4月7日，世界卫生组织宣告成立。世卫组织的宗旨是使全世界人民获得尽可能高水平的健康。

3. 食品法典委员会

1962年，联合国的两个组织——联合国粮食及农业组织（FAO）和世界卫生组织（WHO）共同创建了FAO/WHO食品法典委员会（Codex Alimentarius Commission，CAC），并使其成为一个促进消费者健康和维护消费者经济利益，以及鼓励公平的国际食品贸易的国际性组织。CAC现有173个成员国和1个成员国组织（欧盟）。

4. 国际标准化组织

国际标准化组织（International Organization for Standardization，ISO），“ISO”来源于希腊语，意为“相等”，从“相等”到“标准”，由于词义上的联系使“ISO”成为国际标准化组织的名称。

1946年10月14日至26日，中、英、美、法、苏等25五个国家的64名代表集会于伦敦，决定成立一个新的国际标准化组织，以促进国际合作和工业标准的统一。1947年2月23日，ISO章程得到15个国家标准化机构的认可，国际标准化组织宣告正式成立，总部设在瑞士的日内瓦。截至2013年5月，ISO共有163个成员国，代表中国参加ISO的国家机构是国家质量监督检验检疫总局。

（二）部分国家食品法律法规

1. 美国食品法规介绍

美国国会制定法令以保证食品供应的安全性并建立全国性的保护机制。行政部门负责法令的实施，并可以颁布规章来实施法令，美国的这些规章都在《联邦记录》上发表，而且还有电子版，主要包括联邦食品、药物和化妆品法；联邦肉类检验法；禽类产品检验法；蛋产品检验法；食品质量保障法和公共健康事务法等。

美国监控食品卫生与安全的联邦法典（CFR）是联邦政府发布的永久性法规。美国联邦法典共分 50 章，涉及联邦规定的各个领域。与食品有关的主要是第 9 章与第 21 章，其中第 9 章为“植物与动物产品”，第 21 章为“食品与药品”。

2. 欧盟食品法规介绍

2002 年 2 月 21 日，欧盟《通用食品法》生效启用。这是欧盟历史上首次采用这样的通用食品法。关键目标是建立通用定义，包括食品的定义，并制定重要的食品法指导准则及合理目标，以确保高度健康安全。

欧盟的食品安全管理运作机制已形成了食品安全、动物健康、动物福利和植物健康等方面的法律体系，包括食品立法（一般卫生与控制、标识、添加剂、调味料等）；兽医问题（动物健康、动物福利、动物识别与注册、内部市场控制体系、外部边境控制、动物制品企业的公共健康要求等）；植物检疫立法（植物健康、植物卫生、有害生物、农药和污染物等）；动物营养（复合饲料、控制、检测、污染物等）。

3. 日本食品法规介绍

日本的食品安全监管机构为食品安全委员会、农林水产省和厚生劳动省，监管机构呈三角形，顶点是内阁府食品安全委员会，两翼是农林水产省和厚生劳动省。日本在 1947 年制定了《食品卫生法》《食品卫生法施行令》及《饮食业营业取缔法》等法律法规。根据不同的饮食品种，还相继制定了相关的规则，例如《牛奶营业取缔规则》《清凉饮料水取缔规则》《饮食品防腐剂、漂白剂取缔规则》《饮食品添加剂取缔规则》和《饮食品器具取缔规则》等。

（三）食品国际标准简介

食品及相关产品标准化的国际组织有：ISO（国际标准化组织）、FAO（联合国粮食及农业组织）、WHO（世界卫生组织）、CAC（食品法典委员会）、ICC（国际谷类加工食品科学技术协会）、IDF（国际乳制品联合会）、IWO（国际葡萄与葡萄酒局）、AOAC（国际公职分析化学家协会）。其中 CAC 和 ISO 的标准被广泛认同和采用。除这些国际组织颁布标准外，各国也颁布自己的国家标准。

CAC 制定并向各成员国推荐的食品产品标准、农药残留限量、卫生与技术规范、准则和指南等，通称为食品法典。食品法典一般准则提倡成员国最大限度地采纳法典标准。

ISO 下设许多专门领域的技术委员会（TC），其中 TC34 为农产食品技术委员会。TC34 主要制定农产品食品各领域的产品分析方法标准。为避免重复，凡 ISO 制定的产品分析方法标准都被 CAC 直接采用。ISO 还发布了适用广泛的系列质量管理标准，其中已在食品行业普遍采用的是 ISO 9000 体系、ISO 22000 标准。

对于国际标准，我国可适当采用。采用国际标准应当符合我国有关法律、法规，遵循国际惯例，做到技术先进、经济合理、安全可靠。制定（包括修订）我国标准应当以相应国际标准（包括即将制定完成的国际标准）为基础。我国对采用国际标准程度的划分与 ISO/IEC（国际电工委员会）的规定相同，分为三种情况：

（1）等同采用 IDT。是指国家标准与国际标准在技术内容上完全相同，编写方法上完全对应，仅有或没有编辑性修改。

（2）等效采用 EQU。是指国家标准与国际标准在技术内容上等效，在编写方法上不完全对应，仅有小的技术差异。

（3）非等效采用 NEQ。指国家标准与国际标准之间有重大技术差异。

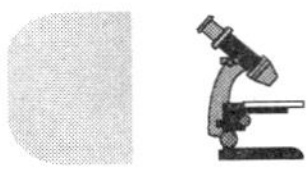

工作任务

国外食品质量法规资料收集工作

【任务目标】收集欧盟、美国等国外食品质量法规资料。

【要求】收集的资料要求准确、全面、严谨，具有应用价值。

【说明】

（1）在仔细阅读工作任务要求后，回答引导问题。如果有需要可运用媒体工具作为辅助措施。这些伴随的提问涉及了对于这个工作任务重要的知识领域。

（2）通过查阅文献、书籍和互联网，收集欧盟美国等国外食品质量法规资料。

（3）请与教师讨论引导问题及任务草案。

（4）修改任务草案，并完成欧盟、美国等国外食品质量法规资料的收集。

【引导问题】

（1）你是否知道食品质量法规的内涵？

（2）你是否了解国内食品质量法规的基本情况？

（3）你是否了解欧盟、美国食品质量法规的基本情况？

（4）你是否知道国际食品质量法规的优势？

以上问题如果回答不是，请认真查阅本书及参考资料，收集一些食品企业的相关资料。

一、工作流程

制定工作计划→本书及参考资料的认知→引导问题的回答→进行国外食品质量法规资料的调查或网上查询→国外食品质量法规资料草稿的收集→与顾问讨论→修改草稿→任务完成。

二、参考资料

参考资料可参阅本书。

三、检查评估

工作任务完成后填写工作任务检查评估表（表 2-7）。

表 2-7　工作任务检查评估表

班级 ________ 姓名 ________ 学号 ___________ 小组 ___________ 时间 ____________

<table>
<tr><td rowspan="2"></td><td rowspan="2">能力</td><td rowspan="2">内容</td><td colspan="4">评分</td></tr>
<tr><td>自评（30%）</td><td>互评（30%）</td><td>教师评价（40%）</td><td>合计</td></tr>
<tr><td rowspan="8">能力评测</td><td rowspan="4">专业能力</td><td>能掌握食品质量法规的基本概念（10 分）</td><td></td><td></td><td></td><td></td></tr>
<tr><td>能了解食品质量法规的基本内容（10 分）</td><td></td><td></td><td></td><td></td></tr>
<tr><td>能掌握食品质量法规的收集方法（20 分）</td><td></td><td></td><td></td><td></td></tr>
<tr><td>能完成国外食品质量法规资料的收集工作（20 分）</td><td></td><td></td><td></td><td></td></tr>
<tr><td rowspan="4">通用能力</td><td>团结协作（10 分）</td><td></td><td></td><td></td><td></td></tr>
<tr><td>收集整理的能力（10 分）</td><td></td><td></td><td></td><td></td></tr>
<tr><td>分析能力（10 分）</td><td></td><td></td><td></td><td></td></tr>
<tr><td>组织管理能力（10 分）</td><td></td><td></td><td></td><td></td></tr>
<tr><td></td><td colspan="2">小计</td><td></td><td></td><td></td><td></td></tr>
</table>

目标检测

单项选择题

（1）我国规定：（　　）是为了在一定范围内获得最佳秩序，经协商一致制定，并由公认机构批准，共同使用和重复使用的一种规范性文件。

A．法规　　B．技术规范　　C．标准　　D．强制性标准

（2）以下标准类型不是按标准性质来分的是（　　）。

A．技术标准　　B．管理标准　　C．工作标准　　D．推荐性标准

（3）企业生产的产品，没有国家标准、行业标准和地方标准的应制定（　　）。

A．技术标准　　B．企业标准　　C．工作标准　　D．推荐性标准

（4）以下是推荐性国家标准的编号形式是（　　）。

A．GB ××-××××　　B．DB ××××-××××

C．GB/T ××××-××××　　D．QB/T ××××-××××

（5）《中华人民共和国食品安全法》的施行时间是（　　）。

A．2009 年 6 月 1 日　　B．1996 年 6 月 1 日

C．2006 年 9 月 1 日　　D．2010 年 6 月 1 日

单元四　食品安全性评价与食品风险分析

学习目标

（1）了解食品安全评价的内涵。

（2）了解我国毒理学评价程序。
（3）掌握风险分析的概念。

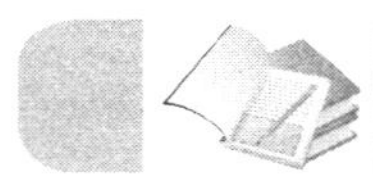

理论知识

一、食品安全性评价概述

食品的安全性评价是对食品中的物质及食品对人体健康的危害程度进行评估，以阐明某种食品是否可以安全食用，并通过科学的方法确定危害物质的安全剂量，在食品生产中进行风险控制。食品安全性评价在对食品安全质量进行有效控制和食品监管上具有重要意义。

对食品生产中的各种原料及添加剂进行安全性分析是安全性评价的主要内容，进行安全性评价的对象主要有以下几类：

（1）用于食品生产、加工和保藏的化学和生物物质，如原料、食品添加剂、食品加工用微生物等。

（2）食品在生产、加工、运输、销售和保藏过程中产生和污染的有害物质，如农药残留、兽药残留、重金属、生物及其毒素以及其他化学物质。

（3）新技术、新工艺、新资源加工食品。

食品安全性与食品中所含的有害成分的毒性作用分不开，因此，食品安全性评价是以毒理学评价为基础，必要时还要进行化学性评价、微生物学评价和营养学评价。

二、我国食品安全性评价的毒理学评价程序

食品安全性评价主要是以毒理学评价为基础，毒理学评价是通过一系列的毒理学试验对受试物的毒性作用进行定性分析，并结合受试物的资料确定受试物在食品中的安全限量。

GB 15193.1—2014《食品安全国家标准 食品安全性毒理学评价程序》规定了食品安全性毒理学评价试验的内容：

1. 受试物的要求

（1）应提供受试物的名称、批号、含量、保存条件、原料来源、生产工艺、质量规格标准、性状、人体推荐（可能）摄入量等有关资料。

（2）对于单一成分的物质，应提供受试物（必要时包括其杂质）的物理、化学性质等。对于混合物（包括配方产品），应提供受试物的组成，必要时应提供受试物各组成成分的物理、化学性质等。

（3）配方产品应是规格化产品，应与实际应用的相同。若是酶制剂，应使用在加入其他复配成分以前的产品作为受试物。

2. 急性毒性试验

了解受试物的急性毒性强度、性质和可能的靶器官，测定 LD50，为进一步进行毒性试验的剂量和毒性观察指标的选择提供依据，并根据 LD50 进行急性毒性剂量分级。

LD50 即半数致死量或称致死中量，指受试动物经口一次或在 24h 内多次染毒后，能使受试动物有半数（50%）死亡的剂量，单位为 mg/kg。

3. 遗传毒性试验

了解受试物的遗传毒性以及筛查受试物的潜在致癌作用和细胞致突变性。

4. 28 天经口毒性试验

在急性毒性试验的基础上，进一步了解受试物毒作用性质、剂量-反应关系和可能的靶器官，得到 28 天经口未观察到有害作用剂量，初步评价受试物的安全性，并为下一步较长期毒性和慢性毒性试验剂量、观察指标、毒性终点的选择提供依据。

5. 90 天经口毒性试验

观察受试物以不同剂量水平经较长期喂养后对实验动物的毒作用性质、剂量-反应关系和靶器官，得到 90 天经口未观察到有害作用剂量，为慢性毒性试验剂量选择和初步制定人群安全接触限量标准提供科学依据。

6. 致畸试验

了解受试物是否具有致畸作用和发育毒性，并可得到致畸作用和发育毒性的未观察到有害作用剂量。

7. 生殖毒性试验和生殖发育毒性试验

了解受试物对实验动物繁殖及对子代的发育毒性。得到受试物的未观察到有害作用剂量水平，为初步制定人群安全接触限量标准提供科学依据。

8. 毒物动力学试验

了解受试物在体内的吸收、分布和排泄速度等相关信息；为选择慢性毒性试验的合适实验动物种、系提供依据；了解代谢产物的形成情况。

9. 慢性毒性试验和致癌试验

了解经长期接触受试物后出现的毒性作用以及致癌作用；确定未观察到有害作用剂量，为受试物能否应用于食品的最终评价和制定健康指导值提供依据。

三、食品风险分析

（一）风险分析

风险是指某种特定危险事件（事故或意外事件）发生的可能性和后果的组合。实际上风险是由危险发生的可能性（危险概率）和危险事件（发生）产生的后果两个因素组合而成。风险分析就是对风险进行分析，并根据风险程度采取相应的风险管理措施去控制或者降低风险。食品风险分析是风险分析在食品安全管理中的应用，是分析食源性危害，确定食品安全性保护水平，采取风险管理措施，使消费的食品在食品安全性风险方面处于可接受的水平。

（二）食品风险分析的内容

食品风险分析包括三个部分：风险评估、风险管理与风险情况交流，它的总体目标在于确保公众健康得到保护。风险评估是整个风险分析体系的核心和基础，也是有关国际组织今后工作的重点。食品风险分析如图 2-7 所示。

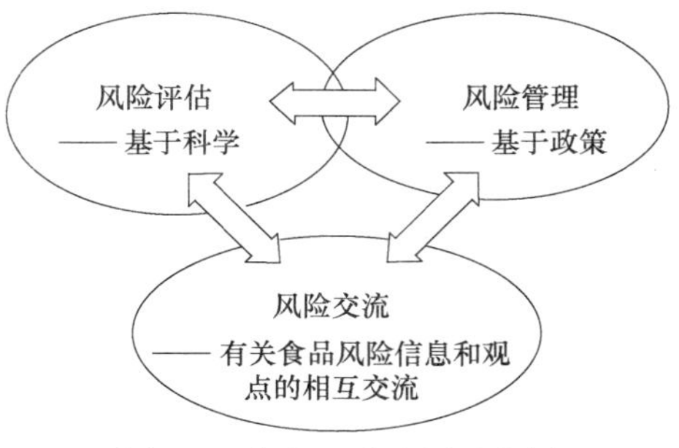

图 2-7　食品风险分析示意图

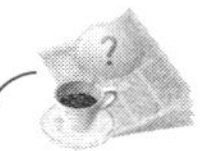

知识链接

苏丹红危险性评估报告

（1）化学性质及其代谢。苏丹红为亲脂性偶氮化合物，在体内代谢成相应的胺类物质。在多项体外致突变试验和动物致癌试验中发现苏丹红的致突变性和致癌性与代谢生成的胺类物质有关。

（2）诱癌剂量为 30～400mg/kg。

（3）最大摄入量为 1～900μg（估算）。许多食品中天然存在一些胺类物质，苏丹红诱发动物肿瘤的剂量是人体最大可能摄入量的 100000～1000000 倍，则对人体的致癌可能性极小，如果经常摄入含较高剂量苏丹红的食品就会增加其致癌的危险性。

（4）风险管理。食品中应禁用。

注：对于有阈值的化学物质，就是比较暴露和 ADI（或者其他测量值），暴露小于 ADI 时，健康不良效果的可能性理论上为零；对于无阈值物质，人群的风险是暴露和效力的综合结果。

（1）风险评估。风险评估是利用现有的科学资料，就食品中某些生物、化学或物理因素的暴露对人体健康产生的不良后果进行识别、确认和定量，以此确定某种食品有害物质的风险。

（2）风险管理。风险管理就是根据风险评估的结果，选择和实施适当的预防和监测措施，尽可能有效地控制食品风险，从而保障公众健康和促进公平贸易。

（3）风险信息交流。风险信息交流就是在风险评估人员、风险管理人员、消费者和其他有关的团体之间就与风险有关的信息和意见进行相互交流。

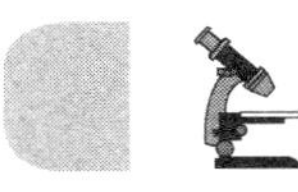

工作任务

食品安全评价及食品风险分析学习交流

【任务目标】学习食品安全评价及食品风险分析的内容，各小组进行讨论与交流。

【要求】

（1）充分理解食品安全评价及食品风险分析的基本内涵及重要性。

（2）熟悉食品毒理学评价的基本过程、食品风险分析的基本内容。

（3）了解我国食品安全评价及食品风险分析的概况。

（4）能充分阐述本小组观点，论点正确，论据充足。

（5）能结合实际案例论证观点。

（6）准备充分，语言简洁，态度积极。

（7）发扬团队合作精神。

【交流议题】

（1）你知道食品安全评价的含义吗？

（2）你了解食品安全评价在我国的现状吗？

（3）你认为食品加工者了解食品安全评价重要性吗？

（4）你认为食品风险分析到底是什么？

（5）2008 年的“三聚氰胺事件”与食品风险分析有什么联系？

一、工作流程

仔细阅读学习交流任务书→任务分工→查阅资料、学习本书→整理资料→制作PPT→准备发言→交流活动。

学习交流任务完成后填写学习交流任务分工表和评估表（表 2-8、表 2-9）。

表 2-8　学习交流任务分工表

班级 ________ 姓名 ________ 学号 ________ 小组 ________ 时间 ________

序号	工作内容	完成时间	责任人	小组任务分工
				网络资料收集
				刊物资料收集
				资料整理及议题的回答
				PPT 制作
				小组交流

表 2-9　学习交流任务评估表

组别	项目	要求	分值	实得分	总分
	议题回答	回答准确全面	40		
	创新意识	积极思考，思路新颖	30		
	现场表现	语言流畅、表达清晰	20		
	整体合作	团队协作、配合默契	10		

目标检测

填空题

（1）食品的安全性评价是对_________及食品对人体健康的__________进行评估，以阐明某种食品是否可以安全食用，并通过科学的方法确定危害物质的________，在食品生产中进行__________。

（2）食品风险分析包括三个部分：__________、_________、________。

项目三　食品质量安全管理体系

项目引入

食品安全的重要性决定了食品质量管理中安全质量管理的重要地位。食品的其他质量特性再好，只要安全性不过关就丧失了其作为产品和商品存在的价值。有人把食品安全管理比作仅次于核电站的安全管理，一点也不为过。因此可以说食品质量管理是以食品安全质量管理为核心。食品企业的质量安全管理不仅需要通用的 GB/T19000 系列标准质量管理体系，还需要 GMP、SSOP、HACCP、GB/T22000 系列标准这样的食品安全管理体系。

单元一　质量管理体系

学习目标

（1）了解 质量管理体系标准的产生、构成、特点、内容。
（2）熟悉 质量管理体系的基本术语和定义，掌握七项管理原则。
（3）理解 质量管理体系基本条款，掌握 质量管理体系建立和实施步骤。

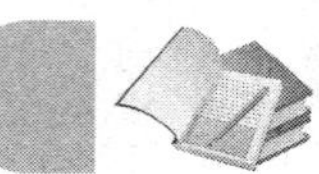

理论知识

一、质量管理体系系列标准概述

（一）ISO 9000 系列标准产生和发展

1979 年国际标准化组织（ISO）成立了第 176 技术委员会（TC176）负责制定和建立质量管理和质量保证标准。在 1986 年 ISO/TC176 发布了 ISO 8402:1986 标准，随后于 1987 年颁布了 ISO 9001:1987 标准等五项国际标准，这六项国际标准通称为 1987 版 ISO 9000 系列国际标准，由此宣告 ISO 9000 族标准的产生。

1990 年 ISO/TC176 开始对 1987 版标准进行修订，于 1994 年发布了 ISO 8402:1994 等六项国际标准，通称为 ISO 9000 族 1994 版标准，取代 1987 版标准，随后 9000 族标准进一步扩充到包含 16 个标准和技术文件的庞大标准家族。

随着标准化的进程，各国的使用者反映这套标准的不足和需要解决问题，主要为更适合于硬件产品生产的组织，更适合于规模化生产的组织，而对于规模较小生产较简单的组织难以使用，更多地强调符合性而忽视了促使组织整体业绩的提高等，鉴于上述情况，TC176 组织对 1994 版标准进行修订。1997 年底，TC176 提出了对标准的第二阶段修订的最初成果——工作组草案第一稿（WD3）随后为第 2、3 稿。1998 年提出技术委员会草案第一稿（CD1）随后为第二稿。1999 年提出 2000 版国际标准草案（DIS 稿）再次修改后在 2000 年会上通过 FDIS 稿（最后的标准草案）。2000 年 11 月 14 日前进行最终表决，几乎全体通过。2000 年 12 月 15 日 ISO 正式发布 9000、9001、9004 三项国际标准。

2007 年 6 月 11～15 日，ISO/TC176 委员会决定 ISO 9001：2008 新标准拟于 2008 年 10 月 31 日正式发布，同时 ISO/TC176 决定不需要“过渡阶段”，将用 6～12 个月时间结束 ISO 9001:2000 版的使用。

ISO/TC176/SC2 分技术委员会采用了三年的标准编写时间期限来对 ISO9001:2015 标准进行编写，拟定了编写时间表。2014 年 1 月 DIS 草稿投票，2014 年 9 月完成 FDIS 稿，2015 年 9 月出版。

ISO 9000 标准发展如图 3-1 所示。

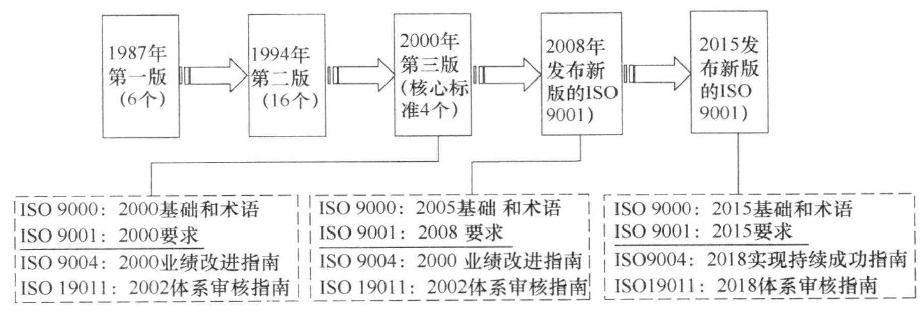

图 3-1　ISO9000 标准发展历程

1989 年 12 月我国成立了由国家技术监督局领导的全国质量管理和质量保证技术委员会（SAC/ TC151），作为我国推行质量管理、质量标准工作和技术指导以及与 ISO/TC176 对口接洽机构。我国于 1988 年 12 月宣布等效采用（EQU） ISO 9000 标准系列，发布了 GB/T 10300 质量管理和质量保证标准系列。1992 年我国将等效采用改为等同采用（IDT），颁布了 GB/T19000（ISO9000:1987，IDT）质量管理和质量保证标准系列。2016 年 12 月 30 日，备受关注的 GB/T 19000—2016《质量管理体系 基础和术语》（ISO9000:2015，IDT）和 GB/T 19001—2016《质量管理体系 要求》（ISO9001:2015，IDT）正式发布，并于 2017 年 7 月 1 日正式实施。（我国对采用国际标准程度的划分在本书项目二单元三食品质量法规与标准进行了介绍）。

（二）质量管理体系标准的构成、内容及适用性

ISO 9000:2015 核心标准如下：

ISO 9000:2015《质量管理体系 基础和术语》

ISO 9001:2015《质量管理体系 要求》

ISO 9004:2018《质量管理 组织的质量 实现持续成功指南》

ISO 19011:2018《管理体系审核指南》

目前我国等同采纳 ISO 9000 核心标准情况如下：

GB/T 19000—2016《质量管理体系　基础和术语》（ISO9000:2015，IDT）

GB/T 19001—2016《质量管理体系　要求》（ISO9001:2015，IDT）

GB/T 19004—2020《质量管理 组织的质量 实现持续成功指南》（ISO9004:2018，IDT）

GB/T 19011—2021《管理体系审核指南》（ISO19011:2018，IDT）

质量管理体系标准的内容及适用性如表 3-1 所示。

表 3-1　ISO 9000 标准的内容及适用性

代码	内容概述	适用性
GB/T9000	1. 质量管理的基本概念和质量管理七项原则 2. 十三个方面的 138 个术语	确定理论基础，统一术语概念，明确指导思想
GB/T9001	1. 组织的背景 2. 领导作用 3. 策划 4. 支持 5. 运行	既可供组织内部评审，又可用于外部评审，告诉我们应该做什么
GB/T9004	1. 组织的质量和持续成功 2. 组织的环境 3. 组织的特质 4. 领导作用 5. 过程管理 6. 资源管理 7. 组织绩效的分析和评价 8. 改进、学习和创新	仅用于内部评审，用于指导我们如何进行质量管理。告诉我们如何做
GB/T19011	1. 审核原则 2. 审核方案的管理 3. 实施审核 4. 审核员的能力和评价	说明审核的策划、执行及人员的资格等

（三）质量管理体系系列标准的特点

（1）面向所有组织、通用性更高。无论组织的规模是大还是小，或者是从事不同的行业，都可以适用质量管理体系系列标准。

（2）结构简化，更利于使用。GB/T 19001 和 GB/T 19004 两个标准结构相似，方便了组织的选择和使用。同时，以 GB/T 19001 标准作为进行认证的唯一依据，其他标准则用于指导组织改进业绩、提高质量管理效率，或为质量管理提供技术工具和方法指导，结构简化，作用清楚，更有利于用户使用。

（3）采用过程方法模式，可操作性强。采用了过程方法模式。由于过程方法模式符合质量管理活动的规律，更适合于所有行业的实际操作。

（4）减少了程序文件的数量要求。在体系管理方面，在确保控制的原则下，组织可以根据自身的需要决定形成多少文件，扩大了组织自行决定文件化程序的自由度。

（5）强调顾客满意是质量管理体系的动力。明确了顾客满意的概念，指出达到顾客满意是质量管理体系的基本目标。明确组织应定期测量其顾客满意程度，这些都是企业经营实践经验和管理学科新进展在标准中的具体体现和反映。

（6）突出持续改进，并要求加以证实，尤其重视顾客满意信息的测量。将持续改进作为质量管理体系的基础之一。持续改进是为改善产品的特性，提高设计、生产和交付产品的过程的有效性和效率所展开的活动，也是增强满足要求的能力的循环活动。其最终目的是提高组织的有效性和效率。

（7）与环境管理体系（GB/T 24000）具有更好的兼容性。GB/T 19000 系列标准与 GB/T 24000 系列标准都采用相同的文件化管理体系原理，都遵循 PDCA 的管理体系模式，存在许多共同的过程和方法，并且 GB/T 19011 管理体系审核指南为质量管理体系与环境管理体系的一体化审核提供了依据。这些都增强了两类标准的兼容性，更有利于组织建立和实施综合管理体系。

（8）考虑了所有相关方利益的需求。相关方指的是“与组织的业绩或成就有利益关系的个人和团体。如顾客、所有者、员工、供方、银行、工会、合作者和社会”。针对所有相关的需求实施并持续改进其业绩的质量管理体系，可使组织获得成功。

（四）质量管理体系系列标准作用

质量管理体系系列标准是世界上许多经济发达国家质量管理实践经验的科学总结，具有通用性和指导性。主要有以下几方面的作用和意义：

（1）有利于提高产品质量，保护消费者利益，提高产品可信程度。按 GB/T 19000 系列标准建立质量管理体系，通过体系的有效应用，促进企业持续地改进产品和过程，实现产品质量的稳定和提高，无疑是对消费者利益的一种最有效的保护，也增加了消费者选购合格供应商产品的可信程度。

（2）提高企业管理能力。GB/T 19000 系列标准鼓励企业在制定、实施质量管理体系时采用过程方法，通过识别和管理众多相互关联的活动，以及对这些活动进行系统的管理和连续的监视与控制，以实现顾客能接受的产品。此外，质量管理体系提供了持续改进的框架，增加顾客（消费者）和其他相关方满意的程度。因此，GB/T 19000 系列标准为提高企业的管理能力和增强市场竞争能力提供了有效的方法。

（3）有利于企业的持续改进和持续满足顾客的需求和期望。顾客的需求和期望是不断变化，这就促使企业持续地改进产品和过程。而质量管理体系的要求恰恰为企业改进产品和过程提供了一条有效途径。

（4）有利于增进国际贸易，消除技术壁垒。贯彻 GB/T 19000 系列标准为国际经济技术合作提供了国际通用的共同语言和准则；取得质量管理体系认证，已成为参与国内和国际贸易，增强竞争力的有力武器。因此，贯彻 GB/T 19000 系列标准对消除技术壁垒，排除贸易障碍起到了十分积极的作用。

二、质量管理体系的建立和实施

（一）GB/T 19000—2016《质量管理体系　基础和术语》

1. 基本概念和质量管理原则

1）基本概念

GB/T 19000—2016《质量管理体系　基础和术语》基本概念包括质量、质量管理体系、组织环境、相关方、支持。

2）质量管理原则

质量管理的七项原则又叫七大理念，它是贯穿标准的主线，是标准的理论基础。质量管理原则体现在相应的条款中，但也不强求与条款的一一对应。以下为七项原则及相关说明：

（1）以顾客为关注焦点

顾客是能够或实际接受为其提供的、或按其要求提供的产品或服务的个人或组织。

质量管理的首要关注点是满足顾客要求并且努力超越顾客期望。图 3-2 为以顾客为关注焦点示意图。在市场经济中，组织的存在和发展完全取决于顾客的满意和信任。组织失去了顾客也就是丧失了市场占有份额，组织不能生存，更谈不上发展。为了获得信任，组织的首要任务是识别、理解顾客要求，包括当前和未来的。将已识别的顾客的需求转化为产品或服务特性、体现在向顾客交付的产品或服务中。

要对顾客满意程度进行监视和控制，发现不满意，要及时采取改进措施，以满足顾客要求并争取超过顾客期望。通过以上带动组织质量管理各个过程的活动，也是提高组织满足顾客要求能力的循环活动。

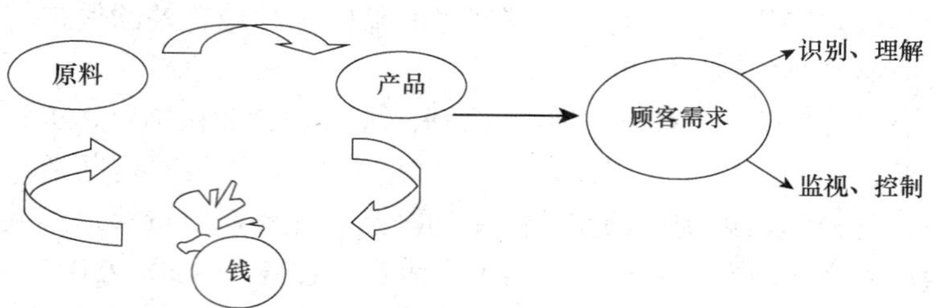

图 3-2　以顾客为关注焦点示意图

组织只有赢得和保持顾客和其他有关相关方的信任才能获得持续成功。与顾客相互作用的每个方面，都提供了为顾客创造更多价值的机会。理解顾客和其他相关方当前和未来的需求，有助于组织的持续成功。

组织依存于顾客，顾客不仅有外部顾客，比如：消费者、经销商（买方）、委托人、最终使用者、零售商、受益者、采购方等，还包括内部顾客，比如：在企业内部，依靠你所提供的服务、产品、信息来完成工作的人（下游岗位、下道工序）。

（2）领导作用

领导是具有领导和控制组织的职责和权限的一个人或一组人。

各级领导建立统一的宗旨和方向，并创造全员积极参与实现组织的质量目标的条件。

统一的宗旨和方向的建立，以及全员的积极参与，能够使组织将战略、方针、过程和资源协调一致，以实现其目标。领导处于组织的最高层，对组织实施指挥和控制，这种作用是员工不可能做到的。

领导是支持者、决策者、推动者、服务者，领导确定企业的使命、愿景，创建企业的价值观、培育企业文化，奖励、认可员工的贡献，支持企业的发展，对质量管理活动进行指导，把顾客的要求融入质量管理活动过程中，持续改进满足顾客要求。

（3）全员积极参与

整个组织内各级胜任、经授权并积极参与的人员，是提高组织创造和提供价值能力的必要条件。为了有效和高效地管理组织，各级人员得到尊重并参与其中是极其重要的。通过表彰、授权和提高能力，促进在实现组织的质量目标过程中的全员积极参与。

员工是组织得以实现其功能的必要资源，人力资源又是最具活力，最有潜力的特殊资源，只有激励、调动员工参与组织活动的积极性，充分发挥员工聪明才干，组织才能获得利益。

（4）过程方法

过程是指利用输入实现预期结果的相互关联或相互作用的一组活动。

将活动作为相互关联、功能连贯的过程组成的体系来理解和管理时，可更加有效和高效地得到一致的、可预知的结果。为使组织有效运行，必须识别和管理许多相互关联和相互作用的过程。任何一个过程都可以分为若干更小的过程，性质相似的过程又可以组成一个大过程。通常，一个过程的输出将直接成为下一个过程的输入。系统地识别和管理组织所应用的过程，特别是这些过程之间的相互作用，称为“过程方法”，图 3-3 为过程方法示意图。

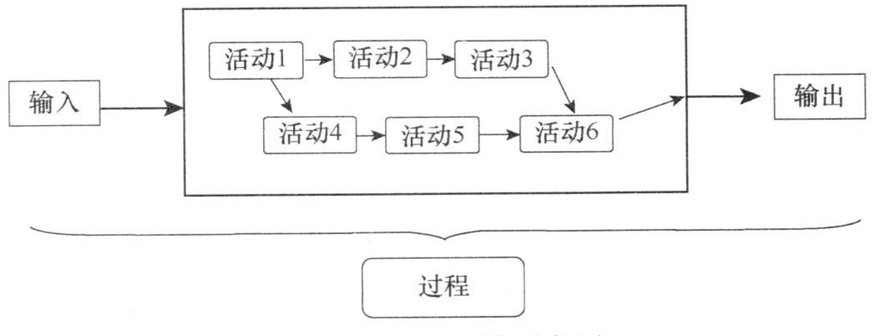

图 3-3　过程方法示意图

过程方法包括按照组织的质量方针和战略方向，对各过程及其相互作用进行系统的规定和管理，从而实现预期结果。可通过采用 PDCA 循环以及始终基于风险的思维对过程和整个体系进行管理。质量管理体系是由相互关联的过程所组成。理解体系是如何产生结果的，能够使组织尽可能地完善其体系并优化其绩效。通过对过程的管控，降低风险，增加机遇，创造预期价值。

（5）改进

成功的组织持续关注改进。改进对于组织保持当前的绩效水平，对其内、外部条件的变化做出反应，并创造新的机会，都是非常必要的。顾客的要求和期望在不断地变化和提高，市场竞争的压力和科学技术的发展，这些都促使组织要不断改进其产品和过程，以满足顾客的期望和需求，达到顾客满意。

组织所处的国际、国内环境是在不断变化的。组织应不断改进自己的经营战略和策略。制定适应形势变化的策略和目标，提高管理水平和技术实力，提高组织的有效性和效率，才能适应这样竞争的生存环境，所以持续改进是组织自身要生存和发展的需要。改进是一种管理理念，是组织的价值观、态度和行为准则。

（6）循证决策

基于数据和信息的分析和评价的决策，更有可能产生期望的结果。决策就是针对预期目标寻求并实行最佳方案的活动。质量管理过程存在着大量有待决策的问题，如组织是否采取质量管理体系，如何确定质量方针，选择质量改正的项目等，决策是一项主要管理职能。

决策是一个复杂的过程，并且总是包含某些不确定性。它经常涉及多种类型和来源的输入及其理解，而这些理解可能是主观的。重要的是理解因果关系和潜在的非预期后果。对事实、证据和数据分析可导致决策更加客观、可信。

加强信息管理，包括识别信息需求、确定信息来源、获取足够信息、分析利用信息。运用科学的测量方法和精准的仪器设施进行测量，获取真实有效的数据，提供质量信息。加强质量记录管理，用事实和数据说话。

（7）关系管理

为了持续成功，组织需要管理与有关相关方（如供方）的关系。相关方是指可影响决策或活动、受决策或活动所影响、或自认为受决策或活动影响的个人或组织。

有关相关方影响组织的绩效。当组织管理与所有相关方的关系，以尽可能有效地发挥其在组织绩效方面的作用时，持续成功更有可能实现。对供方及合作伙伴网络的关系管理是尤为重要的。

2. 运用基本概念和原则建立质量管理体系

质量管理体系是以质量管理的基本概念和七项质量管理原则为理论基础。运用基本概念和质量管理原则建立质量管理体系的方式如下：

1）质量管理体系模式

组织由相互作用的系统、过程和活动组成。为了适应变化的环境，需要具备应变能力。组织经常通过创新实现突破性改进。组织的质量管理体系模式可以表明，不是所有的体系、过程和活动都可以被预先确定。因此，在复杂的组织环境中，其质量管理体系需要具有灵活性和适应性。

组织试图理解内外部环境，以识别有关相关方的需求和期望。这些信息被用于质量管理体系的建立，从而实现组织的可持续发展。一个过程的输出可成为其他过程的输入，并联结成整个网络。虽然不同组织的质量管理体系，通常看起来是由相类似的过程所组成，但每个组织及其质量管理体系都是独特的。

组织拥有可被确定、测量和改进的过程。这些过程相互作用以产生与组织的目标相一致的结果，并跨越职能界限。某些过程可能是关键的，而另外一些则不是。过程具有相互关联的活动和输入，以实现输出。质量管理体系中的过程如图 3-4 所示。

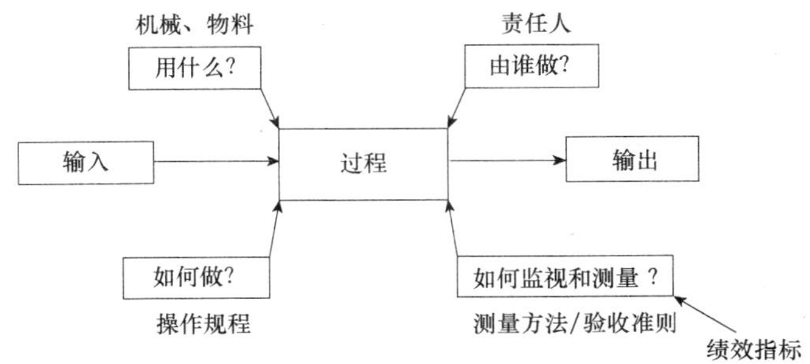

图 3-4　质量管理体系中的过程

组织的人员在过程中协调配合，开展他们的日常活动。依靠对组织目标的理解，某些活动可被预先规定。而另外一些活动则是由于对外界刺激的反应，来确定其性质并予以执行。

2）质量管理体系的建立

质量管理体系是通过周期性改进，随着时间的推移而进化的动态系统。无论其是否经过正式策划，每个组织都有质量管理活动。确定组织中现存的活动和这些活动对组织环境的适宜性是必要的。正规的质量管理体系为策划、完成、监视和改进质量管理活动的绩效提供了框架。

质量管理体系策划是一个持续的过程。质量管理体系的计划随着组织的学习和环境的变化而逐渐完善。计划要考虑组织的所有质量活动，并确保覆盖 GB/T 19000—2016《质量管理体系 基础和术语》的全部指南和 GB/T 19001—2016《质量管理体系 要求》的要求。

定期监视和评价质量管理体系计划的执行情况及其绩效状况，对组织来说是非常重要的。经过深思熟虑的指标，更有利于监视和评价活动的开展。

审核是一种评价质量管理体系有效性的方法，以识别风险和确定是否满足要求。为了有效地进行审核，需要收集有形和无形的证据。在对所收集的证据进行分析的基础上，采取纠正和改进的措施。所获取的知识可能会带来创新，使质量管理体系的绩效达到更高的水平。

质量管理体系如图 3-5 所示。该图表明在向组织提供输入方面除了组织及其环境以外，顾客和相关方起重要作用。监视相关方满意程度需要评价有关相关方感受的信息，这种信息可以表明其需求和期望已得到满足的程度。

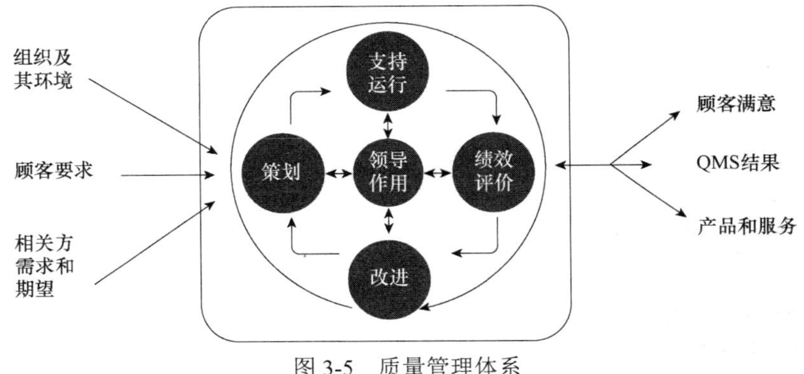

图 3-5　质量管理体系

注：QMS 质量管理体系缩写

GB/T 19001—2016《质量管理体系　要求》标准给出了质量管理体系的要求，提出了一套科学系统的管理模式，基于以顾客为关注焦点、领导作用、全员积极参与、过程方法、改进、循证决策、关系管理七项质量管理原则，倡导企业在供应链管理、整体管理和具体的过程管理中采用过程方法，并结合 PDCA 循环和基于风险的思维，通过满足顾客要求增强顾客满意。其中，过程方法强调按照企业的质量方针和战略方向对各过程及其相互作用进行系统的规定和管理，从而实现预期的结果。在质量管理活动中，各项工作按照 PDCA 循环进行：P：做出计划、D：计划实施、C：检查实施效果、A：将成功的活动纳入标准，不成功的活动留待下一循环去解决。

3）质量管理体系标准、其他管理体系和卓越模式

全国质量管理和质量保证标准化技术委员会（SAC/TC 151）起草的质量管理体系标准、其他管理体系标准以及组织卓越模式中表述的质量管理体系方法是基于普遍的原则，这些方法均能够帮助组织识别风险和机遇并包含改进指南。在当前的环境中，许多因素，例如：创新、道德、诚信和声誉均可作为质量管理体系的参数。

质量管理体系标准为质量管理体系提供了一套综合要求和指南。GB/T 19001《质量管理体系　要求》为质量管理体系规定了要求，GB/T 19004—2020《质量管理　组织的质量　实现持续成功指南》在质量管理体系更宽范围的目标下，为持续成功和改进绩效提供了指南。

组织的管理体系中具有不同作用的部分，包括其质量管理体系，可以整合成为一个单一的管理体系。当质量管理体系与其他管理体系整合后，与组织的质量、成长、资金、营利、环境、职业健康和安全、能源、安保等方面有关的目标、过程和资源，可以更加有效和高效地实现和应用。

（二）GB/T 19001—2016《质量管理体系　要求》

GB/T 19001—2016《质量管理体系　要求》标准与 GB/T 19001—2008《质量管理体系　要求》标准相比较，主要变化特点如下：

（1）对标准的结构进行了调整。

（2）用“产品和服务”替代了“产品”，强调产品和服务的差异，标准的适用性更广泛。

（3）借鉴了初始评审的理念，明确提出了“评审组织所处环境”的要求。

（4）更关注风险和机会，明确提出“确定风险和机会应对措施”的要求。

（5）用“外部提供的过程、产品和服务”取代“采购”，包括“外包过程”。

（6）提出了“知识”也是一种资源，是产品实现的支持过程。

（7）更高强调了最高管理者的领导力和承诺，最高管理者要对管理体系的有效性承担责任，推动过程方法及基于风险的思想的应用。

（8）明确提出将管理体系要求融入组织的过程。

GB/T 19001—2016《质量管理体系　要求》标准的主要内容如下：

1.范围

明确了标准所适用的组织，即标准的适用范围。

2.规范性引用文件

对规范化引用文件进行了说明。

3.术语和定义

4.组织环境

4.1 理解组织及其环境

确定与本组织宗旨和战略方向相关并影响本组织实现质量管理体系预期结果的能力的各种外部和内部因素。组织应意识到这些外部和内部因素可能发生变化，应对这些因素进行监视和评审。

4.2 理解相关方的需求和期望

本条旨在确保组织考虑有关相关方的相关要求，而不是仅考虑直接顾客的要求。组织应有监视和评审有关相关方相关要求的健全的体系。

4.3 确定质量管理体系的范围

本条旨在确定质量管理体系的边界和适用性，以便满足要求和实现体系的预期结果。

4.4 质量管理体系及其过程

确定质量管理体系所需的过程。根据组织环境和基于风险的思维的运用情况（诸如考虑过程对实现预期结果的能力的影响范围和程度、发生问题的可能性以及这些问题的潜在后果等），过程需要确定和细化的程度可以有所不同。确保组织确定所需的成文信息的范围和程度。

5.领导作用

5.1 领导作用和承诺

确保最高管理者通过在参与、促进、确保、沟通和监视质量管理体系的绩效和有效性方面发挥积极作用，证实其领导作用和承诺。在决定所采取的方式时，需考虑多种因素，如组织的规模和复杂性、管理的风格和组织文化等。确保最高管理者能够展现其在组织持续关注满足顾客要求和增强顾客满意方面的领导作用和承诺。

5.2 方针

确保制定符合组织战略方向的质量方针，包括组织全面理解质量对其自身和顾客的意义。 确保质量方针在组织人员中得到沟通、理解和应用，以使其能够为质量管理体系的有效性做出贡献，并确保有关相关方可以获取质量方针。

5.3 组织的岗位、职责和权限

帮助最高管理者分配质量管理体系的相关岗位，确保体系的有效性并实现预期结果。

6.策划

6.1 应对风险和机遇的措施

确保组织在策划质量管理体系过程时，能够确定风险和机遇，并策划其应对措施，从而预防不合格（包括不合格输出），并确定可能增强顾客满意或实现组织质量目标的机遇。确保组织策划应对所确定的风险和机遇的措施，实施这些措施，以及分析和评价采取这些措施的有效性。

6.2 质量目标及其实现的策划

确保组织建立质量目标和策划实现这些目标的适宜的措施。适当时，组织应在相关职能、层次和过程建立质量目标，以确保有效地贯彻其战略方向和质量方针。

6.3 变更的策划

确定组织质量管理体系变更的需求，以适应其经营环境的变化，并确保以受控的方式策划、引入和实施所提出的变更。

7.资源

7.1 资源

确保组织提供建立、实施、保持和持续改进质量管理体系及其有效运行所需的资源。包括人力资源，向顾客稳定地提供合格产品和服务所需的设施、设备和服务，过程运行所需的环境，以支持提供合格产品和服务。确保组织确定并提供适宜的资源，以确保在评价产品和服务的符合性时，获得有效且可靠的监视和测量结果。当要求测量溯源时，或当组织确定需要相信测量结果的有效性时，确保组织提供测量溯源。

保持组织所确定的为运行过程以及实现产品和服务的符合性所必需的知识，并鼓励基于变化的需求和趋势获取必要的知识。

7.2 能力

确定组织中可能影响产品和服务符合性或顾客满意的工作或活动所要求的能力，并确保从事这些工作或开展这些活动的人员（如管理者、在职员工、临时雇员、分包商、外包人员）具备相应的能力。

7.3 意识

确保相关人员从事处于组织控制之下的工作时，知晓组织的质量方针、相关质量目标、自身对质量管理体系有效性的贡献以及不符合质量管理体系要求的后果。

7.4 沟通

确保组织建立所需的且与质量管理体系相关的内部和外部沟通机制。

7.5 成文信息

确保组织对为了符合 GB/T 19001 所需的成文信息进行控制，以及对已确定的为了质量管理体系有效性所需的成文信息进行控制。确保组织在创建和更新成文信息时，使用适当的标识、形式和载体，且这些信息得到了评审和批准。确保当需要时能以适当的载体获得成文信息，并妥善保护这些信息。确保组织能够对成文信息的分发、访问、检索和使用、存储和防护、更改控制、保留和处置进行控制。

8.运行

8.1 运行的策划和控制

确保组织策划、实施和控制其生产和服务提供所需的过程，包括外部提供的任何过程。

8.2 产品和服务的要求

确保当确定拟提供的产品和服务要求时，组织与顾客进行清晰的沟通。确保组织确定其产品和服务的要求。确保组织评审对顾客作出的承诺，并具备履行这些承诺的能力。通过评审，可使组织降低在运行期间和交付后发生问题的风险。

确保组织保留成文信息，以证实与顾客之间达成的最终协议，包括任何纠正或更改，并表明能够满足顾客要求。确保组织内外部的相关人员知晓对产品和服务要求的任何更改。组织应选择适宜的沟通方法，并保留适当的成文信息，如沟通的邮件、会议纪要、修改后的订单等。

8.3 产品和服务的设计和开发

确保组织建立、实施和保持设计和开发过程，以确保其产品和服务满足要求，并确定产品和服务特性。 确保组织进行设计和开发策划，以确定所需的设计和开发活动和任务。确保组织将确定设计和开发项目的输入作为设计和开发策划期间的一项活动。

确保输入一旦确定之后，则应根据策划实施设计和开发活动并加以控制，从而确保过程有效。确保设计和开发输出为提供预期产品和服务所需的所有过程（包括采购、生产和交付后活动）提供必要的信息。使组织能够确定、评审和控制在设计和开发过程期间或后续阶段所做的更改。

8.4 外部提供的过程、产品和服务的控制

控制由外部供方提供的过程、产品和服务。外部供方可能包括组织的公司总部、关联公司、供方或承担组织外包过程的人员。组织有责任确保外部提供的过程、产品和服务符合要求（如通过进货检验或对外包服务供方的监督）。确保对外部供方的控制，以使组织确信所提供的产品和服务满足要求。确保组织向外部供方明确沟通对外部提供的过程、服务或产品所需的要求和控制，以避免对组织的运行或顾客满意产生负面影响。

8.5 生产和服务提供

使组织对产品和服务提供进行控制，通过减少出现不合格输出的可能性，确保实现预期结果。确保组织利用标识和可追溯性，以便在整个生产和服务交付过程中能够确定可能受到潜在不合格输出影响的过程、产品或服务。组织应根据产品或服务的性质，使用不同的方法标识输出。确保对不属于组织、但处于组织控制下的财产得到保护。确保在生产和服务提供期间的所有阶段，对输出以及产品和服务进行防护。确保组织在交付产品或服务后履行相关要求，认识到交付未必表明组织所承担责任的终止。确保组织对生产和服务提供期间发生的更改进行评审和控制，以符合质量管理体系策划期间所确定的要求

8.6 产品和服务的放行

确保产品和服务在交付顾客之前，符合所有的适用要求。

8.7 不合格输出的控制

确保在生产和服务提供的所有阶段，防止非预期地交付或使用不合格输出。确保组织保留与不合格相关的成文信息。

9 绩效评价

9.1 监视、测量、分析和评价

确保组织开展监视、测量、分析和评价活动，以使组织确定是否正在实现预期结果。使组织关注对顾客反馈的监视，以评价顾客满意程度并确定改进的机会。使组织分析和评价从监视和测量结果中获得的数据和信息，以确定过程、产品和服务是否满足要求，以及确定所需采取的措施和改进的机会。

9.2 内部审核

从公正的角度，通过内部审核获得质量管理体系的绩效和有效性的相关信息，以确保所策划的各项安排已经完成，并且质量管理体系得到有效实施和保持。确保组织建立、实施和保持审核方案。

9.3 管理评审

确保由最高管理者实施管理评审。确定组织在评价质量管理体系的绩效和有效性时

需要考虑的各项输入。确保管理评审能够提供关于质量管理体系的绩效和有效性以及所需的任何决策和措施方面的输出和信息。

10.改进

10.1 总则

确保组织确定改进的机会，以及策划并切实地实施相关措施，以实现预期结果和增强顾客满意。

10.2 不合格和纠正措施

确保组织处置不合格，并在适用时实施纠正措施。确保组织保留成文信息，以便为已按要求完成的纠正或纠正措施提供证据。

10.3 持续改进

确保组织持续改进质量管理体系的适宜性、充分性和有效性。

（三）质量管理体系的建立和实施步骤

1. 对质量体系建立的组织策划

（1）对现有质量管理体系的诊断：了解情况，找出差距，保持优势。

（2）制定工作计划和程序：根据取证进度和任务落实职责。

（3）建立取证的领导机制：从组织上保证取证的落实。

（4）进行骨干人员 GB/T19000 系列标准培训：从思想上保证取证落实。

2. 质量体系的总体设计阶段

（1）制定质量方针和质量目标：明确方针及目标，使质量体系能不断完善及提高。

（2）进行质量管理体系总体设计系统分析，确定体系结构。

（3）确定 GB/T19001 各过程的采用程度。

3. 质量体系建立阶段

（1）建立组织架构。

（2）规定质量责任和权限。

（3）编制质量体系资源配置及投入方案。

4. 质量体系文件的编写

（1）进行质量体系文件的编写培训。

（2）编制质量体系文件（质量手册、程序文件、作业指导书、表单记录等）。

（3）进行质量文件的修改、审定、批准、颁发。

5. 质量管理体系实施、运行和完善阶段

（1）进行质量管理体系实施培训。

（2）质量体系的实施、运行和完善（试运行、正式运行）。

（3）内部质量体系审核员培训。
（4）进行内部质量体系审核和管理评审。
（5）进行认证前的审核应对培训。

6. 质量体系认证阶段

（1）提出认证申请。
（2）组织现场，迎接审核。
（3）通过现场审核，获取证书。
通过以上六个阶段，逐步推行，能确保 GB/T19001 顺利建立和实施。
图 3-6 为质量管理体系认证程序。

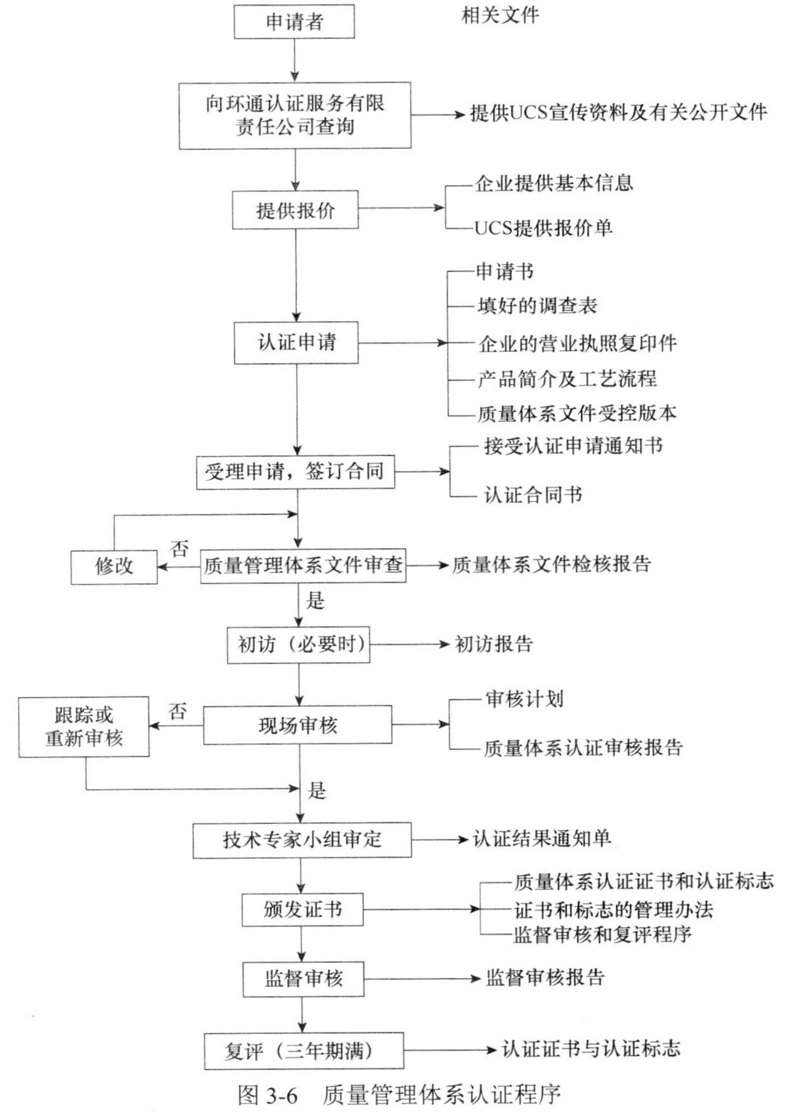

图 3-6　质量管理体系认证程序

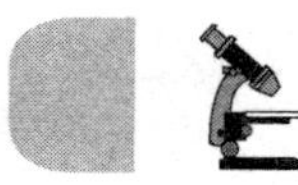

工作任务

GB/T19001 内审不符合（不合格）项判断

【任务目标】请参照相关资料判断案例是否符合质量管理体系标准要求，若不符合，请指出不合格之处在哪里，不符合该标准的哪条条款，写出不合格陈述，并进行原因分析及改进意见。

【案例】

（1）审核员在技术开发部办公室桌子上看到一本“继电器国际标准汇编，”是 1967 年发布的。审核员问：“这是谁的标准？”一个技术员说：“是我从部长那儿借来的。”审核员看到该资料上盖有资料室的印章，便问技术员：“你借这本资料是不是设计时用的？”技术员说：“我的设计不直接应用这些标准，但有时需要参考一些内容。”

下午审核员在资料室审查时，发现该处存有不少旧标准，便问资料管理员如何控制这些标准的版本，资料员回答：“我们每年都定期去买一些与我们行业有关的新标准，在资料室登记归档后，当技术员需要时可来借阅。”审核员查了“技术标准归档登记”，看到历年来购入的标准都有登记。

审核员问：“购入新的标准后，原有旧标准你是怎么处理的？”资料员说：“一般购入新标准后，我都将新标准借给技术人员，旧标准不再外借。”审核员查看了借阅登记，在技术开发部名下确有“继电器国际标准汇编（67 年）”的借阅登记。审核员问：“这本标准不是最新标准，为什么借出了呢？”资料员看了看登记，想了一下说：“可能是新标准别人借走了，所以只好将旧标准出借。”

（2）审核员对销售部审查时，发现在合同评审记录表中记录的主要内容如下：客户名称、联络人、地址、电话、传真；订购产品名称、型号、规格、交货期、单价；客户付款能力调查；客户信誉评价；销售部意见、财务部意见、厂长意见等。

审核员：“你们对能否满足合同要求的能力做了哪些评审工作？”

销售部员工：“就目前我们厂的生产情况而言，完全有能力满足合同要求。我们担心的是客户的付款信誉，因此厂长要求我们合同评审将重点放在对客户的付款能力的调查和评价上。”

审核员：“有没有出现不能满足客户合同要求的情况？”

销售部员工：“有时也会发生，但经过我们的解释和作一些价格上的让步，客户多半会采纳我们的意见。”

【要求】不合格内容陈述要求准确、全面、合理；原因分析要求正确、符合实际，改进意见要有可实施性。

【说明】

（1）在仔细阅读工作任务要求后，回答引导问题。如果有需要可运用媒体工具作为辅助措施。这些伴随的提问涉及了对于这个工作任务重要的知识领域。

（2）按照工作流程制定进行不合格内容陈述、原因分析及提出改进意见。

（3）请与指导老师讨论引导问题及任务。

（4）修改不合格内容陈述、原因分析及改进意见并完成。

【引导问题】

（1）你是否知道 ISO 9000 系列标准的构成及内容？

（2）你是否掌握重要术语及七项质量管理原则？

（3）你是否认真阅读 GB/T19001 质量管理体系要求？

（4）你是否知道如何进行 GB/T19001 的审核进认证？

（5）你是否知道如何进行不合格项的判定工作？

以上问题如果回答不是，请认真查阅本书及参考资料。

一、工作流程

本书及参考资料的认知→引导问题的回答→进行不合格项的判定→原因分析及提出改进意见→与指导教师讨论→修改草稿→任务完成→检查评估。

二、参考资料

查阅 GB/T 19001—2016《质量管理体系 要求》标准和内审员必备知识。

三、检查评估

工作任务完成后填写工作任务检查评估表（表 3-2）。

表 3-2　工作任务检查评估表

班级 ________ 姓名 ________ 学号 ________ 小组 ________ 时间 ________

	能力	内容	评分		
			自评（30%）	互评（30%）	老师评价（40%）
能力评测	专业能力	能掌握 GB/T 19001 的基本内容（10 分）			
		能熟悉 GB/T 19001 管理体系建立方法（10 分）			
		能正确判断质量管理工作中不合理之处（20 分）			
		能完成不合格陈述并分析原因给出意见（20 分）			
	通用能力	团结协作（10 分）			
		设计能力（10 分）			
		学习能力（10 分）			
		口头表达能力（10 分）			
	小计				

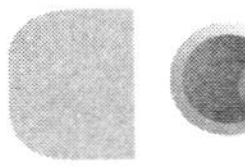

目标检测

一、判断题

（1）持续改进的对象可以是质量管理体系、过程、产品等。　（　　）

（2）GB/T 19000 标准强调质量管理体系是组织管理体系的一个组成部分，应与其他

管理体系相容。（　）

（3）不合格品在经过纠正后应进行再次验证。（　）

（4）设计和开发的输出应包含或引用产品的接收准则。（　）

（5）只有按策划的安排圆满完成所有产品实现过程之后，才能放行产品和交付服务。（　）

（6）组织应分别编制“纠正措施控制程序”和“预防措施控制程序”。（　）

（7）过程的监视和测量包括对生产和服务提供过程的监视和测量。（　）

（8）对供方的评价选择就是对供方提供的产品质量的好坏进行选择和评价。（　）

（9）组织应对与供方签订的采购合同进行评审。（　）

（10）管理的系统方法和过程方法研究的对象都与过程有关。（　）

二、单项选择题

（1）GB/T 19001 标准是（　）。

A．质量管理体系要求　B．基础和术语

C．业绩改进指南　D．QMS 指南

（2）GB/T 19001 所关注的是质量管理体系在满足顾客要求方面的（　）。

A．适宜性　B．有效性

C．符合性　D．适宜性、有效性和符合性

（3）组织应（　）质量管理体系所需的过程及其在整个组织中的应用。

A．识别　B．评价　C．确定　D．确认

（4）向组织内部和外部提供关于质量管理体系符合性信息的文件，这类文件称为（　）。

A．质量手册　B．质量计划　C．规范　D．记录

（5）在质量管理体系中承担（　）的人员可能直接或间接地影响产品要求符合性。

A．生产任务　B．质检任务　C．维修任务　D．任何任务

（6）组织应在产品实现的（　），针对监视和测量要求识别产品的状态。

A．贮存过程　B．生产过程　C．全过程　D．以上都不是

（7）对生产和服务提供过程的确认包括（　）。

A．规定准则　B．设备认可

C．人员资格鉴定　D．规定准则、设备认可和人员资格鉴定

（8）文件可采用任何形式或类型的媒介，包括（　）。

A．计算机光盘　B．照片

C．标准样品　D．计算机光盘、照片和标准样品

（9）过程的监视和测量是监视和测量（　）。

A．设备能力　B．过程人员的技能

C．特定的方法和程序　D．过程实现所策划的结果的能力

（10）组织应（　）为达到产品符合要求所需的工作环境。

A．识别和确定　B．评审和管理　C．识别和控制　D．确定和管理

单元二　环境管理体系

学习目标

（1）了解 GB/T24001 标准的产生背景、概念、目的及与其他体系的关系。
（2）掌握 GB/T24001 标准的主要内容，运行模式。
（3）了解食品企业建立环境管理体系的方法。

理论知识

一、ISO 14000 标准的产生与发展

由于一系列环境问题的出现，世界各国日益意识到环境污染已成为世界性的公害，于是纷纷通过立法的方式来试图保护环境，联合国也制定了相关的国际环境法来保护人类共同的生存环境。

1972 年世界各国在瑞典首都斯德哥尔摩举行的第一次联合国人类环境大会，通过了《人类环境宣言》（即斯德哥尔摩宣言）和《人类环境行为计划》等文件，并成立了联合国环境规划署（UNEP），把每年的 6 月 5 日定为“世界环境日”。

1977 年德国首先制定出了“蓝色天使”计划，那些与同类产品相比更符合环境保护要求的产品被授予环境标志，由德国质量保证及标签协会（RAL）领导的环境标志评审委员会制定标准并组织实施之后，许多国家也陆续实施了环境标志制度。

1978 年联合国颁布了保护臭氧层的《关于臭氧层行动世界计划》。

1987 年挪威总理布伦特兰（联合国环境规划署主席）发表的《我们共同的未来》的著名报告。

1990 年国际标准化组织（ISO）和国际电工委员会（IEC）出版了《展望未来：高新技术对标准化的需求》一书，其中“环境与安全”问题被认为是目前标准化工作最紧迫的四个课题之一。

1992 年在联合国环境与发展大会上，一百多个国家就长远发展的需要，一致通过了环境管理纲要，环境与持续发展成为各国研究的重要议事课题。

英国于 1992 颁发了 BS 7750—1992《环境管理体系规定》标准，该标准参考了英国《环境保护条例》和欧共体《环境管理审核规则》（EMAS）的要求，目的是使任何组织在本标准指导下建立有效的环境管理体系，作为其采取正确的环境行为、持续改进环境质量和参与“环境审核”的基础。

1993 年欧共体（EC）于 7 月 10 日以 EECNO 1836/93 指令正式公布《工业企业自愿参加环境管理和环境审核联合体系的规则》，简称《环境管理审核规则》（EMAS），并规定于 1995 年 4 月开始实施。

1992 年里约联合国环发大会之后，ISO 为了实现环发大会有关环境管理标准化的要求，于 1993 年 6 月正式成立了 ISO/TC 207 环境管理技术委员会。1996 年 9 月颁布了首批 ISO14000 系列标准 5 个。

我国于 1995 年 5 月正式成立了中国的“全国环境管理标准化技术委员会”CSBTS/TC207。在 ISO 国际标准化组织 1996 年 9 月公布第一批环境管理标准后不久，我国就将这五项国际标准等同转化，并于 1997 年 4 月 1 日由国家技术监督局作为国家标准正式颁布，另编号为 GB/T24000 系列。2005 年 5 月 10 日我国发布 GB/T24001—2004《环境管理体系　要求及使用指南》(ISO14001:2004，IDT）代替 GB/T24001—1996。2017 年 5 月 1 日 GB/T24001—2016《环境管理体系　要求及使用指南》(ISO14001:2015，IDT）代替 GB/T24001—2004。

二、环境管理体系概述

环境管理体系系列标准是国际标准化组织（ISO）继 ISO 9000 系列标准后提出的又一套重要的系列标准。它是一整套新的、国际性的、环境方面的管理性标准，包括环境管理体系、环境审计、环境标志、环境行为评价、产品寿命周期等几个方面。该标准是一套环境自愿性标准，通过第三方认证的方式实施。

（一）ISO 14000 系列标准简介

1. 什么是 ISO 14000 环境管理体系标准

环境管理体系是指某个组织内部管理体系的组成部分，它包括所有为了制定、实施、评审和保持该组织的环境方针所需要的组织结构、计划活动、职责、惯例以及程序、过程和所需要的资源。

2. ISO 14000 系列标准的分类

按照标准的功能，ISO 14000 系列标准可分为两大类。

评估组织的标准包括以下几种：

（1）环境管理体系的标准（EMS）。

（2）环境审核的标准（EA）。

（3）环境表现评价的标准（EPE）。

评估产品的标准包括以下几种：

（1）环境标志的标准（EL）。

（2）生命周期评估的标准（LCA）。

（二）我国环境管理体系简介

我国主要的环境管理体系标准如下所述。

1. GB/T24001—2016《环境管理体系　要求及使用指南》（ISO14001:2015，IDT）

本标准规定了组织能够用于提升其环境绩效的环境管理体系要求。本标准可供寻求以系统的方式管理其环境责任的组织使用。从而为“环境支柱”的可持续性做出贡献。本标准可帮助组织实现其环境管理体系的预期结果，这些结果将为环境、组织自身和相关方带来价值。

2. GB/T24004—2017《环境管理体系　通用实施指南》（ISO14004:2016，IDT）

本标准旨在为各组织提供通用的框架指南，为了建立、实施、保持和持续改进体系以支持更好的环境管理。环境管理框架应当致力于组织的长期成功和可持续发展的整体目标，建立坚实的、可信的和可靠的环境管理体系框架。

三、GB/T24001—2016《环境管理体系　要求及使用指南》主要内容

GB/T24001—2016《环境管理体系　要求及使用指南》是企业建立环境管理体系并开展审核认证的根本准则。目前国内环境管理体系认证即指 GB/T24001 环境管理体系认证。

（一）组织所处的环境

理解组织及其所处的环境。组织应确定与其宗旨相关并影响其实现环境管理体系预期结果的能力的外部和内部问题。理解相关方的需求和期望，确定环境管理体系的范围。组织应建立、实施、保持并持续改进环境管理体系，包括所需的过程及其相互作用。

（二）领导作用

最高管理者应通过下述方面证实其在环境管理体系方面的领导作用和承诺。

（1）对环境管理体系的有效性负责；

（2）确保建立环境方针和环境目标，并确保其与组织的战略方向及所处的环境相一致；

（3）确保将环境管理体系要求融入组织的业务过程；

（4）确保可获得环境管理体系所需的资源；

（5）就有效环境管理的重要性和符合环境管理体系要求的重要性进行沟通；

（6）确保环境管理体系实现其预期结果；

（7）指导并支持员工对环境管理体系的有效性做出贡献；

（8）促进持续改进；

（9）支持其他相关管理人员在其职责范围内证实其领导作用。

最高管理者应在界定的环境管理体系范围内建立、实施并保持环境方针。

最高管理者应确保在组织内部分配并沟通相关角色的职责和权限。

（三）策划

应对风险和机遇的措施。

（1）环境因素。组织应在所界定的环境管理体系范围内，确定其活动、产品和服务中能够控制和能够施加影响的环境因素及其相关的环境影响。组织应运用所建立的准则，确定那些具有或可能具有重大环境影响的环境因素，即重要环境因素。

（2）合规义务。组织应确定并获取与其环境因素有关的合规义务，确定如何将这些合规义务应用于组织，在建立、实施、保持和持续改进其环境管理体系时必须考虑这些合规义务。

（3）措施的策划。组织应策划采取措施管理其重要环境因素、合规义务、风险和机遇。策划如何在其环境管理体系过程中或其他业务过程中融入并实施这些措施，评价这些措施的有效性。

环境目标及其实现的策划。

（1）环境目标。组织应针对其相关职能和层次建立环境目标，此时必须考虑组织的重要环境因素及相关的合规义务，并考虑其风险和机遇。

（2）实现环境目标的措施的策划。策划如何实现环境目标时，组织应确定要做什么、需要什么资源、由谁负责、何时完成、如何评价结果。

（四）支持

本阶段共有五个要素。

（1）资源。组织应确定并提供建立、实施、保持和持续改进环境管理体系所需的资源。

（2）能力。基于适当的教育、培训或经历，确保人员所需的能力。培训是手段，目的是提高全体员工的环境意识并使达到担负相应的环境职责的能力。

（3）意识。组织应确保工作的人员意识到环境方针，重要环境因素和相关的环境影响，不符合管理体系要求的后果等。

（4）信息交流。主要建立组织对外、对内的信息渠道，以便通报组织在活动、产品或服务过程中所有与环境相关的信息。

（5）文件化信息。环境管理体系文件实际上是按照 GB/T24001 环境管理体系标准条款的要求，针对组织的活动、产品或服务的特点、规模、惯例以及人员素质等情况而编写的文件，支持管理制度和管理办法，是组织加强环境管理工作的依据。

为保证文件的适用性、系统性、协调性和完整性，组织应对环境管理体系相关文件进行控制，加强管理。

（五）运行

（1）运行策划和控制。组织应建立、实施、控制并保持满足环境管理体系要求以及实施策划所识别的措施所需的过程。

（2）应急准备和响应。组织应建立、实施并保持对策划中识别的潜在紧急情况进行应急准备并做出响应所需的过程。

（六）绩效评价

（1）监视、测量、分析和评价。组织应监视、测量、分析和评价其环境绩效。组织应建立、实施并保持评价其合规义务履行状况所需的过程。

（2）内部审核。组织应按计划的时间间隔实施内部审核。组织应建立、实施并保持一个或多个内部审核方案。建立审核方案时，组织必须考虑相关过程的环境重要性、影响组织的变化以及以往审核的结果。

（3）管理评审。最高管理者应按计划的时间间隔对组织的环境管理体系进行评审，以确保其持续的适宜性、充分性和有效性。

（七）改进

组织应确定改进的机会，并实施必要的措施，以实现其环境管理体系的预期结果。组织应制定不符合和纠正措施。组织应持续改进环境管理体系的适宜性、充分性与有效性，以提升环境绩效。

四、食品企业环境管理体系的建立与实施

（一）前期准备

通常建立环境管理体系的前期准备工作包括：企业最高管理者对其承诺应给予高度重视，要提供建立和实施环境管理体系所需的人、财、物等方面的资源保障；任命环境管理代表者，建立和维护环境管理体系，定期进行内部审核，汇报环境管理体系运行境况；确认环境管理体系组织机构以及各个部门的职责，工作小组对管理层和员工进行培训，培训的主要内容是环境管理体系标准，包括文件建立和控制技能的培训、环境因素识别和评估技能的培训、检查技能和检查员资格的培训。

（二）初始环境评审

初始环境评审是建立环境管理体系的基础，对尚无环境管理体系而需要建立的企业显得尤为必要，其目的在于识别组织当前的环境状况，分析组织环境管理的良好之处和存在的问题与薄弱环节，从而确定组织环境中需改进的领域，为组织建立环境管理体系提供背景条件和奠定基础。初始评审的步骤如下所述。

第一步：确定目的、计划及评审范围。

第二步：选择或组织评审小组，在此特别需要高层领导的支持。

第三步：收集信息、数据，包括有关法律、法规等要求。

第四步：实施评审，可包括实地检查、物料衡算、文件查阅等。

第五步：分析汇总资料，编写初始评审报告。

（三）环境管理体系策划

在初始环境评审基础上，对环境管理体系的总体框架及主要管理内容进行策划，制定出环境方针、环境目标、指标、管理方案等，确定环境管理组织机构和职责，确定环境管理体系文件的构成并编写出环境管理体系认证工作实施计划。

（1）环境方针的制定。环境方针是企业在环境管理工作中重要的宗旨，应体现企业

最高管理者对环境问题的指导思想。

（2）制定环境目标和指标。企业为了具体落实环境方针中的承诺，需要确定企业的具体环境目标和指标。环境管理体系目标和指标应有以下内容：列出需要解决的重要环境因素的环境目标和指标的要求；实现目标和指标的措施和实施方案；主要的负责人及经费预算；实施进度表等。

（3）环境管理实施方案。环境管理实施方案是实现环境目标和指标的实施方案，是对初始评审中的重要环境因素提出具体解决办法。

环境管理实施方案一般包括项目计划书、所需资源清单、管理方案的实施进度表等。

（4）组织结构和职责。企业为了实现其制定的环境方针，应在组织上予以保证，在组织结构上要做到合理分工、相互协作、明确各自的职责和权限，做到事事有人负责。

（四）环境管理体系文件的编制

环境管理体系文件是企业环境管理工作的文件，必须遵照执行。环境管理体系文件一般分为环境管理手册、环境管理体系程序文件、环境管理体系其他文件（作业指导书、操作规程等）。

（1）环境管理手册。环境管理手册是环境管理体系文件总体性的描述，是企业在保护和改善环境方面的宗旨，是企业向社会在遵守法律、法规，污染预防等方面的承诺。

环境管理手册的主要内容包括：企业和环境方针；环境目标；环境管理实施方案；组织机构及环境管理的职责和权限；根据标准的要求，对环境要素实施要点的描述；手册的审核及修订情况的说明。

（2）程序文件。程序文件是进行某些活动所规定的途径，即为实施环境管理体系要素所规定的方法。程序文件是环境管理手册的支撑性文件，具体明确了企业实施环境管理工作的程序、方法和要求。

食品企业应根据 GB/T24001 标准的要求，结合自身特点和管理要求，编制一套体系文件，以满足体系有效运行的需要。

（五）环境管理体系试运行

体系文件颁布后即进入环境管理体系的试运行阶段。按照国家有关规范的要求，体系必须经过三个月的试运行期，才能正式申请环境管理体系的认证。

（六）环境管理体系审核

环境管理体系审核是企业建立和实施环境管理体系的重要组成部分，是评价企业环境管理体系实施效果的手段。环境管理体系审核按其目的不同可分为内部审核和外部审核，外部审核又分为合同审核和第三方认证。

知识链接

啤酒加工环境因素分析

啤酒加工其产污部位多且分散，废水量大，水循环利用率低，其生产工艺是食品制造业比较典型的。啤酒酿造方法随啤酒的种类而异，但一般可分为制麦和酿造两大工序。

生产过程中的环境因素：啤酒生产过程中，废水主要来源于麦芽制造、糖化、发酵、洗瓶及灌装等工序，但废水的排放量及污染物的波动较大。

制麦过程的用水：有浸麦用水和冷却用水，冷却用水的水质较好，可回收循环使用，主要污染来自浸麦用水。浸麦废水是一种颜色很深、极易腐败的有机废水，废水的产生量一般为每生产1t成品麦芽约产生30m^3，是间歇的排放方式。

酿造：可细分为糖化、发酵（前酵）、贮酒（后酵）、过滤和包装几个工序，糖化工序的废弃物有麦糟、热凝固物和冷凝固物。糖化工序的废水主要来自糖化锅、糊化锅的刷锅水、清洗水和麦糟贮存池底流出的麦糟水，一般热（冷）凝固物也含在废水中排出，所以糖化工序产生的废水中有机物质比较多，其废水排放量占废水总量的5%～10%，废水为间歇排放。

发酵和贮酒工序：发酵和贮酒工序的废弃物是废酵母，酵母是在啤酒发酵过程中沉淀下来的。因生产需要，沉淀下来的酵母经洗涤后重复使用，但多余和失去活力的酵母如不综合利用则随废水排出。这个工序的废水来源于洗涤水，废水排放量为废水总量的15%～20%，采取间歇排放的方式。

包装工序：包装工序的废水来自洗瓶水、喷淋杀菌水、洗麦水、地面冲洗水和包装物破损流出的残酒等。这部分的排放量较大，占废水总量的30%～40%，连续排放。此外，酿造过程中还有大量的冷却水和电渗析产生的废水，这些水基本上未受污染，可循环使用。

辅助系统的环境因素：辅助系统的环境因素主要有锅炉房的烟尘、二氧化硫、炉渣、冲渣废水；热能设备的能源消耗及噪声；运输车辆造成的环境影响。

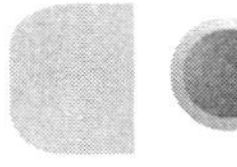

目标检测

一、判断题

（1）水、电的节省或有效利用也是污染预防的一种方式。（　　）

（2）针对超过排放标准的环境因素，组织一定要制定相应的环境目标和指标。（　　）

（3）环境表现是衡量组织对环境因素进行控制的尺度或标准，也是取得组织环境管理体系的绩效。（　　）

（4）某厂噪声排放已达到国家排放标准，但被识别为重要环境因素则仍然需要降低噪声的排放。（　　）

（5）ISO 14001 强调培训，但最重要的是使相关人员具备适当的意识和能力以保证对其工作的胜任性。（　　）

（6）在环境法律法规变更的情况下，要及时进行环境影响评价，更新环境因素。（　　）

（7）实施ISO 14001标准会加重组织的法律责任。（　　）

（8）组织针对应急准备和响应程序可不进行定期的试验。（　　）

（9）确定重大环境因素时，必须考虑到它的环境影响。（　　）

（10）直辖市人民政府可以制定严于国家环境质量标准的地方环境质量标准。（　　）

二、单项选择题

（1）下列不属于污染预防内容的是（　　）。

A．材料代替　　B．工业污水处理后循环利用

C．生活垃圾外运　　D．固体废物分类收集处理

（2）控制重大环境因素的途径有（　　）。

A．目标和指标　　B．运行控制

C．应急准备和响应　　D．目标和指标、4.4.6 运行控制和 4.4.7 应急准备和响应

（3）下列哪种说法是正确的（　　）。

A．相关方不属于我们公司能管辖的范围，在进行环境管理工作时可以不用考虑

B．应要求环境污染严重的相关方建立环境管理体系

C．对相关方要尽可能的宣传本公司的环境管理体系

D．必须对重要的相关方进行环境知识的培训

（4）组织在建立环境体系时，必须收集并掌握的法律和其他要求不包括（　　）。

A．适用于组织识别环境因素的所有环境法规

B．我国签署的环境国际公约

C．有关组织的健康安全法规

D．组织所处行业的环境法规和要求

单元三　食品良好操作规范

学习目标

（1）了解食品良好操作规范的起源与发展、主要意义。

（2）掌握食品良好操作规范的概念及主要内容。

（3）学会在工作中应用食品良好操作规范。

理论知识

一、食品良好操作规范概述

（一）GMP 的基本概念与食品安全卫生控制

良好操作规范（good manufacturing practice，GMP），GMP 一般是由政府制定颁布的主要用于食品生产加工企业的一种质量保证制度或质量保证体系。它对包括食品生产、加工、包装、贮存、运输和销售等在内的食品生产加工企业的生产加工环境、厂房结构与设施、卫生设施、设备与工具、人员的卫生要求与培训、仓贮与运输、生产管理制度

等方面的卫生质量管理和控制做了详细的规定，是食品生产加工企业应满足的基本标准。

GMP 主要是为了防止食品在不卫生、不安全或可能引起污染及腐败变坏的环境下进行加工生产，避免食品制造过程中人为的错误，控制食品污染及变质，建立完善的食品生产加工过程质量安全管理制度，以确保食品卫生安全和满足相关标准要求，也可以提高产品质量的稳定性。为了达到这一政府强制性的标准要求，就应按照标准中各项条款的要求，结合本企业生产加工的具体情况，建立符合企业自身实际的各项卫生质量管理制度，作为企业生产加工各环节的指导性文件。食品生产加工企业制定的这类文件可以包含在“卫生质量手册”中，也可以建立独立的“良好操作规范（GMP）”文件。

目前的食品 GMP 体系主要有三种类型，第一种是针对一般食品的 GMP，即 GMP 通用要求，这种类型的 GMP 体系是一个适用于各类食品制造的框架性法规；第二种是保健食品的 GMP，该规范参照了药品 GMP 的一些条款要求，但相对低于药品 GMP 的标准要求；第三种是针对不同类别产品的 GMP，该规范考虑到了不同产品的差异性和特殊性要求，是一种针对性很强的适合于一类或一种产品的良好操作规范。

（二）GMP 起源与发展

GMP 源于欧洲 20 世纪 60 年代波及世界的最大的药品灾难。1961 年前五年间西德发现 6000～8000 个海豹肢体畸形儿，经调查是药品“反应停”所致。1963 年美国食品药品管理局（FDA）制定了药品 GMP，并于 1964 年开始实施。1969 年世界卫生组织（WHO）要求各会员国家政府制定实施药品 GMP 制度，以保证药品质量。同年，美国公布了《食品制造、加工、包装贮存的现行良好操作规范》，简称 FGMP 基本法。FDA 于 1969 年制定的《食品良好生产工艺通则》（CGMP），为所有企业共同遵守的法规，这之后，联合国粮食及农业组织（FAO）和世界卫生组织（WHO）的 CAC（食品法典委员会）采纳了 GMP，并于 1969 年公布了“食品卫生通则”（CAC/RCP—1969）推荐给 CAC 各成员国。在 1969～1999 年，CAC 公布了 41 个各类食品的卫生操作规范供各国参考应用，从而促进了 GMP 的实施和快速发展。世界上许多国家根据这些 GMP 的基本要求，相继制定了各自的 GMP 制度，并将其作为食品生产加工企业的质量安全法规进行实施。

我国食品企业质量管理规范的制定工作起步于 20 世纪 80 年代中期。1984 年原国家商检局首先制定了类似 GMP 的卫生法规《出口食品厂、库最低卫生要求》；几经修改后，于 1994 年 11 月发布了《出口食品厂、库卫生要求》；在此基础上，又陆续发布了九个专业卫生规范，共同构成了我国出口食品 GMP 体系。

2002 年 4 月，国家质量监督检验检疫总局颁布《出口食品生产企业卫生注册登记管理规定》，这一规定的附件二相当于我国最新的食品 GMP，其主要内容共 19 条，其核心是“卫生质量体系”的建立和有效运行。

我国的食品 GMP 的制定分通则与专则两种，通则适用所有食品工厂，专则依个别产品性质不同及实际需要予以制定。1994 年，我国卫生部按照《食品卫生法》的规定，参照食品法典委员会《食品卫生通则》[CAC/RCP Rev.2（1985）]，结合我国国情制定了《食品企业通用卫生规范》（GB 14881—1994），作为我国食品企业必须执行的国家标准发布。在此前后，卫生部自 1988 年以来，制定了 21 个食品加工企业卫生规范专则，这些卫生规范都体现了 GMP 管理的基本内容和要求。

2009 年 6 月 1 日起实施《中华人民共和国食品安全法》后，我国的良好卫生规范大多已不能适应食品安全法的要求，新一轮的食品卫生规范的修订工作已经展开。2010 年以来，食品安全国家标准审评委员会（包括原卫生部）先后颁布了《乳制品良好生产规范》（GB 12693—2010）、《粉状婴幼儿配方食品良好生产规范》（GB 23790—2010）、《特殊医学用途食品良好生产规范》（GB 29923—2013），作为各类食品生产过程管理和监督执法的依据。2013 年 6 月 26 日，根据《中华人民共和国食品安全法》和《食品安全国家标准管理办法》规定，经食品安全国家标准审评委员会审查通过，发布《食品安全国家标准食品生产通用卫生规范》（GB 14881—2013）。

（三）实施 GMP 的基本精神、主要意义

1. 实施 GMP 的基本精神

（1）将人为的差错控制到最低限度。

（2）防止食品在制造过程中受污染或质量劣变。

（3）保证产品的质量管理体系高效运行，建立健全自主性质量保证体系。

2. 实施 GMP 的主要意义

（1）确保食品卫生质量，保障消费者利益。GMP 对整个生产销售链（从原料进厂直至成品的贮运及销售）的各个环节均提出具体的控制措施、技术要求和相应的检测方法及程序，实施 GMP 管理系统是确保每件终产品合格的有效途径。

（2）促进食品企业质量管理的科学化和规范化，提高食品行业整体素质。GMP 以标准形式颁布，具有强制性和可操作性。实施 GMP 可使企业依据 GMP 规定建立和完善自身科学化质量管理系统，规范生产行为，为 GB/T19000 和 HACCP 的实施打下良好基础，推动食品工业质量管理体系向更高层次发展。

（3）有利于食品企业进入国际市场。GMP 原则已被世界上许多国家认可并采纳，GMP 是衡量企业质量优劣的重要依据之一，所以在食品企业实施 GMP，将会提高其在国际贸易中竞争力。

二、食品良好操作规范内容与要求

GMP 根据 FDA 的法规，分为四个部分：总则；建筑物与设施；设备；生产和加工控制。GMP 是适用于所有食品企业的，是常识性的生产卫生要求，GMP 基本上涉及的是与食品卫生质量有关的硬件设施的维护和人员卫生管理。符合 GMP 的要求是控制食品安全的第一步，其强调食品的生产和贮运过程应避免微生物、化学性和物理性污染。我国食品卫生生产规范是在 GMP 的基础上建立起来的，并以强制性国家标准规定来实行，该规范适用于食品生产、加工的企业或工厂，并作为制定各类食品厂的专业卫生依据。

GMP 实际上是一种包括 4M 管理要素的质量保证制度，即选用规定要求的原料（material），以合乎标准的厂房设备（machines），由胜任的人员（man），按照既定的方法（methods），制造出品质既稳定又安全卫生的产品的一种质量保证制度。GMP 的重点是：

（1）确认食品生产过程安全性。

（2）防止物理、化学、生物性危害污染食品。

（3）实施双重检验制度。

（4）针对标签的管理、生产记录、报告的存档建立和实施完整的管理制度。

《食品企业通用卫生规范》（GB 14881—1994）是对食品生产加工企业的七个基本卫生要求：

（1）原料采购、运输及贮存的卫生要求。

（2）工厂设计与设施的卫生要求。

（3）工厂的卫生管理。

（4）生产过程的卫生要求。

（5）卫生和质量检验的管理。

（6）成品贮存、运输的卫生要求。

（7）个人卫生与健康的要求。

与《食品企业通用卫生规范》（GB 14881—1994）相比，新标准《食品生产通用卫生规范》（GB 14881—2013）主要有以下几方面变化：

（1）强化了源头控制，对原料采购、验收、运输和贮存等环节食品安全控制措施做了详细规定。

（2）加强了过程控制，对加工、产品贮存和运输等食品生产过程的食品安全控制提出了明确要求，并制定了控制生物、化学、物理等主要污染的控制措施。

（3）加强生物、化学、物理污染的防控，对设计布局、设施设备、材质和卫生管理提出了要求。

（4）增加了产品追溯与召回的具体要求。

（5）增加了记录和文件的管理要求。

（6）增加了附录 A“食品加工环境微生物监控程序指南”。

（一）《食品生产通用卫生规范》标准的主要内容

标准分 14 章，内容包括：范围；术语和定义；选址及厂区环境；厂房和车间；设施与设备；卫生管理；食品原料、食品添加剂和食品相关产品；生产过程的食品安全控制；检验；食品的贮存和运输；产品召回管理；培训；管理制度和人员；记录和文件管理。附录“食品加工过程的微生物监控程序指南”针对食品生产过程中较难控制的微生物污染因素，向食品生产企业提供了指导性较强的监控程序建立指南。

（二）关于选址及厂区环境要求

食品工厂的选址及厂区环境与食品安全密切相关。适宜的厂区周边环境可以避免外界污染因素对食品生产过程的不利影响。在选址时需要充分考虑来自外部环境的有毒有害因素对食品生产活动的影响，如工业废水、废气、农业投入品、粉尘、放射性物质、虫害等。如果工厂周围无法避免的存在类似影响食品安全的因素，应从硬件、软件方面考虑采取有效的措施加以控制。厂区环境包括厂区周边环境和厂区内部环境，工厂应从基础设施（含厂区布局规划、厂房设施、路面、绿化、排水等）的设计建造到其建成后的维护、清洁等，实施有效管理，确保厂区环境符合生产要求，厂房设施能有效防止外部环境的影响，如图 3-7、图 3-8 所示。

图 3-7　厂区环境区域示意图

图 3-8　食品厂内部环境示意图

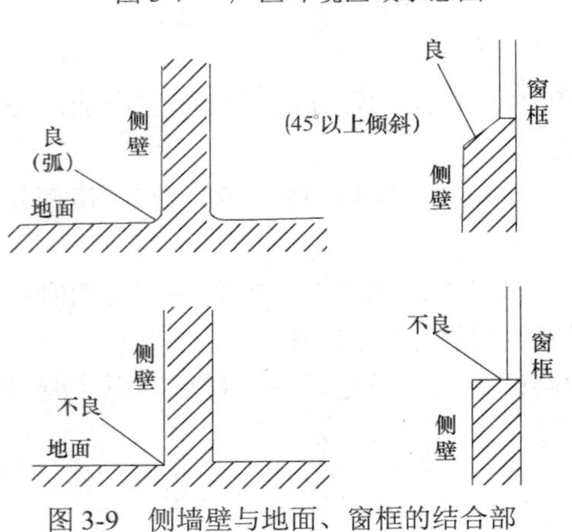

图 3-9　侧墙壁与地面、窗框的结合部

（三）关于厂房和车间的设计布局

良好的厂房和车间的设计布局有利于使人员、物料流动有序，设备分布位置合理，减少交叉污染发生风险。食品企业应从原材料入厂至成品出厂，从人流、物流、气流等因素综合考虑，统筹厂房和车间的设计布局，兼顾工艺、经济、安全等原则，满足食品卫生操作要求，预防和降低产品受污染的风险。图 3-9 为侧墙壁与地面、窗框结合的示意图。

知识链接

车间的通风换气

常见的通风方式有：自然通风、机械通风和空气净化。表 3-3 为车间的洁净级别及换气次数。

表 3-3　车间的洁净级别及换气次数

洁净级别	尘粒数		活微生物数/（个/m^3）	换气次数
	≥0.5μm/m^3	≥5μm/m^3		
100 级	≤3500	0	≤5	垂直层流 0.3m/s 水平层流 0.4m/s

续表

洁净级别	尘粒数		活微生物数/（个/m³）	换气次数
	≥0.5μm/m³	≥5μm/m³		
10000 级	≤350000	≤2000	≤100	≥20 次/h［60m³/（m³·h）］
100000 级	≤3500000	≤20000	≤500	≥15 次/h［45m³/（m³·h）］
300000 级	≤10000000	≤61800		≥12 次/h

（四）关于设施与设备

企业设施与设备是否充足和适宜，不仅对确保企业正常生产运作、提高生产效率起到关键作用，同时也直接或间接地影响产品的安全性和质量的稳定性。正确选择设施与设备所用的材质以及合理配置安装设施与设备，有利于创造维护食品卫生与安全的生产环境，降低生产环境、设备及产品受直接污染或交叉污染的风险，预防和控制食品安全事故。设施与设备涉及生产过程控制的各直接或间接的环节，其中，设施包括供、排水设施、清洁、消毒设施、废弃物存放设施、个人卫生设施、通风设施、照明设施、仓贮设施、温控设施等；设备包括生产设备、监控设备，以及设备的保养和维修等（图 3-10～图 3-12）。

图 3-10　洗手消毒设施

图 3-11　更衣室

图 3-12　全自动立体仓库

（五）关于食品生产企业的卫生管理

卫生管理是食品生产企业食品安全管理的核心内容。卫生管理从原料采购到出厂管理，贯穿于整个生产过程。卫生管理涵盖管理制度、厂房与设施、人员健康与卫生、虫害控制、废弃物、工作服等方面管理。以虫害控制为例，食品生产企业常见的虫害一般包括老鼠、苍蝇、蟑螂等，其活体、尸体、碎片、排泄物及携带的微生物会引起食品污染，导致食源性疾病传播，因此食品企业应建立相应的虫害控制措施和管理制度。

（六）如何控制食品原料、食品添加剂和食品相关产品的安全

有效管理食品原料、食品添加剂和食品相关产品等物料的采购和使用，确保物料合格是保证最终食品产品安全的先决条件。食品生产者应根据国家法规标准的要求采购原料，根据企业自身的监控重点采取适当措施保证物料合格。可现场查验物料供应企业是否具有生产合格物料的能力，包括硬件条件和管理；应查验供货者的许可证和物料合格证明文件，如产品生产许可证、动物检疫合格证明、进口卫生证书等，并对物料进行验收审核。在贮存物料时，应依照物料的特性分类存放，对有温度、湿度等要求的物料，应配置必要的设备设施。物料的贮存仓库应由专人管理，并制定有效的防潮、防虫害、清洁卫生等管理措施，及时清理过期或变质的物料，超过保质期的物料不得用于生产。不得将任何危害人体健康的非食用物质添加到食品中。此外，在食品的生产过程中使用的食品添加剂和食品相关产品应符合 GB 2760—2014、GB 9685—2016 等食品安全国家标准。

（七）如何做好生产过程的食品安全控制

1. 生产过程的食品安全控制

生产过程中的食品安全控制措施是保障食品安全的重中之重。企业应高度重视生产加工、产品贮存和运输等食品生产过程中的潜在危害控制，根据企业的实际情况制定并实施生物性、化学性、物理性污染的控制措施，确保这些措施切实可行和有效，并做好

相应的记录。企业宜根据工艺流程进行危害因素调查和分析，确定生产过程中的食品安全关键控制环节（如杀菌环节、配料环节、异物检测探测环节等），并通过科学依据或行业经验，制定有效的控制措施。

在降低微生物污染风险方面，通过清洁和消毒能使生产环境中的微生物始终保持在受控状态，降低微生物污染的风险。应根据原料、产品和工艺的特点，选择有效的清洁和消毒方式。例如考虑原料是否容易腐败变质，是否需要清洗或解冻处理，产品的类型，加工方式，包装形式及贮藏方式，加工流程和方法等；同时，通过监控措施，验证所采取的清洁、消毒方法是否行之有效。在控制化学污染方面，应对可能污染食品的原料带入、加工过程中使用、污染或产生的化学物质等因素进行分析，如重金属、农兽药残留、持续性有机污染物、卫生清洁用化学品和实验室化学试剂等，并针对产品加工过程的特点制定化学污染控制计划和控制程序，如对清洁消毒剂等专人管理，定点放置，清晰标识，做好领用记录等；在控制物理污染方面，应注重异物管理，如玻璃、金属、砂石、毛发、木屑、塑料等，并建立防止异物污染的管理制度，制定控制计划和程序，如工作服穿着、灯具防护、门窗管理、虫害控制等。

2. 落实食品加工过程中的微生物监控措施

微生物是造成食品污染、腐败变质的重要原因。企业应依据食品安全法规和标准，结合生产实际情况确定微生物监控指标限值、监控时点和监控频次。企业在通过清洁、消毒措施做好食品加工过程微生物控制的同时，还应当通过对微生物监控的方式验证和确认所采取的清洁消毒措施是否能够有效达到控制微生物的目的。

通常采样方案中包含一个已界定的最低采样量，若有证据表明产品被污染的风险增加，应针对可能导致污染的环节，细查清洁、消毒措施执行情况，并适当增加采样点数量、采样频次和采样量。环境监控接触表面通常以涂抹取样为主。空气监控主要为沉降取样，检测方法应基于监控指标进行选择，参照相关项目的标准检测方法进行检测。

监控结果应依据企业积累的监控指标限值进行评判环境微生物是否处于可控状态，环境微生物监控限值可基于微生物控制的效果以及对产品食品安全性的影响来确定。当卫生指示菌监控结果出现波动时，应当评估清洁、消毒措施是否失效，同时应增加监控的频次。如检测出致病菌时，应对致病菌进行溯源，找出致病菌出现的环节和部位，并采取有效的清洁、消毒措施，预防和杜绝类似情形发生，确保环境卫生和产品安全。

3. 食品加工过程中微生物监控计划的卫生指示菌指标与食品产品安全标准的关系

卫生指示菌一般包括菌落总数、大肠菌群、霉菌、酵母等。企业通过科学设置卫生指示菌指标和限量的方式，并在食品生产过程中采取适宜的清洁、消毒等控制措施，使生产过程始终在卫生的环境条件下进行，从而达到终产品卫生和安全的控制目标。实行过程控制是生产安全食品的必然方式，是食品安全管理较好的发达国家普遍采用的管理方法，并得到食品法典委员会的大力倡导。如果不对整个生产过程的卫生状况进行有效控制，仅仅在最后工序简单地增加一道食品本不需要的消毒杀菌环节，虽然可以满足产品标准中对卫生指示菌的要求，但却可能带来难以预料的潜在食品安全风险。

为加强食品安全过程管理，目前我国各类食品产品标准中设置的卫生指示性微生物指标，如菌落总数、大肠菌群、霉菌、酵母等，将逐步调整到各类生产规范类标准中，便于企业实行过程控制，引导企业利用卫生指示菌监控食品加工、贮存过程中的卫生状况，以及验证清洁、消毒等卫生控制措施是否有效，促使企业切实承担起保障食品安全的主体责任。食品生产企业可以结合产品类型和加工工艺，在不同的工艺环节，合理设置适合产品特点的指示菌指标要求并实施监控。当发现某监控点的指示菌水平异常时，即提示该食品生产过程相应环节的卫生管理措施可能达不到预期效果，为此应及时查验并提出纠正措施，以保证食品生产过程污染可控。

（八）如何检验验证产品的安全

检验是验证食品生产过程管理措施有效性、确保食品安全的重要手段。通过检验，企业可及时了解食品生产安全控制措施上存在的问题，及时排查原因，并采取改进措施。企业对各类样品可以自行进行检验，也可以委托具备相应资质的食品检验机构进行检验。企业开展自行检验应配备相应的检验设备、试剂、标准样品等，建立实验室管理制度，明确各检验项目的检验方法。检验人员应具备开展相应检验项目的资质，按规定的检验方法开展检验工作。为确保检验结果科学、准确，检验仪器设备精度必需符合要求。企业委托外部食品检验机构进行检验时，应选择获得相关资质的食品检验机构。企业应妥善保存检验记录，以备查询。

（九）关于食品的贮存和运输

贮存不当易使食品腐败变质，丧失原有的营养物质，降低或失去应有的食用价值。科学合理的贮存环境和运输条件是避免食品污染和腐败变质、保障食品性质稳定的重要手段。企业应根据食品的特点、卫生和安全需要选择适宜的贮存和运输条件。贮存、运输食品的容器和设备应当安全无害，避免食品污染的风险。

（十）如何落实产品召回管理措施

食品召回可以消除缺陷产品造成危害的风险，保障消费者的身体健康和生命安全，体现了食品生产经营者是保障食品安全第一责任人的管理要求。食品生产者发现其生产的食品不符合食品安全标准或会对人身体健康造成危害时，应立即停止生产，召回已经上市销售的食品，及时通知相关生产经营者停止生产经营，通知消费者停止消费，记录召回和通知的情况，如食品召回的批次、数量，通知的方式、范围等；及时对不安全食品采取补救、无害化处理、销毁等措施。为保证食品召回制度的实施，食品生产者应建立完善的记录和管理制度，准确记录并保存生产环节中的原辅料采购、生产加工、贮存、运输、销售等信息。保存消费者投诉、食源性疾病、食品污染事故记录以及食品危害纠纷信息等档案。

（十一）关于岗位培训

食品安全的关键在于生产过程的控制，而过程控制的关键在人。企业是食品安全的第一责任人，可采用先进的食品安全管理体系和科学的分析方法有效预防或解决生产过程的食品安全问题，但这些都需要由相应的人员去操作和实施。所以对食品生产管理者和生产操作者等从业人员的培训是企业确保食品安全最基本的保障措施。企业应按照工作岗位的需要对食品加工及管理人员进行有针对性的食品安全培训。培训的内容包括：现行的法规标准，食品加工过程中卫生控制的原理和技术要求，个人卫生习惯和企业卫生管理制度，操作过程的记录等，以提高员工对执行企业卫生管理等制度的能力和意识。

（十二）食品生产企业应建立食品安全相关的管理制度

完备的管理制度是生产安全食品的重要保障。企业的食品安全管理制度是涵盖从原料采购到食品加工、包装、贮存、运输等全过程，具体包括食品安全管理制度、设备保养和维修制度、卫生管理制度、从业人员健康管理制度、食品原料、食品添加剂和食品相关产品的采购、验收、运输和贮存管理制度、进货查验记录制度、食品原料仓库管理制度、防止化学污染的管理制度、防止异物污染的管理制度、食品进出厂检验记录制度、食品召回制度、培训制度、记录和文件管理制度。

（十三）关于记录和文件管理

记录和文件管理是企业质量管理的基本组成部分，涉及食品生产管理的各个方面，与生产、质量、贮存和运输等相关的所有活动都应在文件系统中明确规定。所有活动的计划和执行都必须通过文件和记录证明。良好的文件和记录是质量管理系统的基本要素。文件内容应清晰、易懂，并有助于追溯。当食品出现问题时，通过查找相关记录，可以有针对性地实施召回。

（十四）本标准与各类良好生产规范（GMP）、危害分析与关键控制点体系（HACCP）的关系

本标准规定了原料采购、加工、包装、贮存和运输等环节的场所、设施、人员的基本要求和管理准则，并制定了控制生物、化学、物理污染的主要措施，在内容上涵盖了从原料到产品全过程的食品生产规范（GMP）从厂房车间、设施设备、人员卫生、记录文档等硬件和软件两方面对企业总体、全面的食品安全要求，也体现了危害分析和关键控制点体系（HACCP）针对企业内部高风险环节预先做好判断和控制的管理思想。食品生产企业可以在执行本标准的基础上建立 HACCP 等食品安全管理体系，进一步提高食品安全管理水平。

（十五）本标准与其他食品安全国家标准的衔接

本标准是食品生产必须遵守的基础性标准。企业在生产食品时所使用的食品原料、食品添加剂和食品相关产品以及最终产品均应符合相关食品安全法规标准的要求，如《食品中污染物限量》（GB 2762—2017）、《预包装食品中致病菌限量》（GB 29921—2021）、《食品添加剂使用标准》（GB 2760—2014）、《预包装食品标签通则》（GB 7718—2011）、《预包装食品营养标签通则》（GB 28050—2011）等。

工作任务

依据 GMP 要求设计某食品厂厂区平面示意图

【任务目标】请依据 GMP 规范设计某种食品加工厂的厂区平面图。

【要求】厂区平面图的绘制要求科学、合理，具有应用价值。

【说明】

（1）对于这次任务所需的知识请参考教材。

（2）在仔细阅读工作任务要求后，回答引导问题。如果有需要可运用媒体工具作为辅助措施。这些伴随的提问涉及了对于这个工作任务重要的知识领域。

（3）按照 GMP 规范设计某食品厂厂区平面图。

（4）请与顾问讨论引导问题及任务草案。

（5）修改任务草案，并完成食品厂厂区平面图的设计。

【引导问题】

（1）你是否知道 GMP 的基本概念？

（2）你是否了解实施 GMP 的意义？

（3）你是否熟悉 GMP 的基本内容？

（4）你是否知道依据 GMP 规范，食品厂厂区应该如何布置？

以上问题如果回答不是，请认真查阅本书，收集一些食品企业的相关资料。

一、工作流程

制定工作计划→知识的认知→引导问题的回答→进行 GMP 和厂区平面图的调查或网上查询→食品厂厂区平面图草稿设计→与顾问讨论→修改草稿→任务完成。

二、参考资料

可参阅本书。

三、检查评估

工作任务完成后，填写工作任务检查评估表（表 3-4）。

表 3-4　工作任务检查评估表

班级 ________　姓名 ________　学号 ________　小组 ________　时间 ________

能力评测	能力	内容	评分		
			自评（30%）	互评（30%）	老师评价（40%）
	专业能力	能掌握 GMP 的基本概念（10 分）			
		能熟悉 GMP 的基本内容（10 分）			

续表

	能力	内容	评分		
			自评（30%）	互评（30%）	老师评价（40%）
能力评测	专业能力	能掌握设计食品厂厂区平面图的基本步骤（20分）			
		能完成食品厂厂区平面图的设计工作（20分）			
	通用能力	团结协作（10分）			
		设计能力（10分）			
		学习能力（10分）			
		口头表达能力（10分）			
	小计				

目标检测

一、判断题

（1）任何进入生产区的人员均应当按照规定更衣。（　　）

（2）生产区可以存放水杯及其他个人用品等非生产用物品。（　　）

（3）取样区的空气洁净度级别应当与生产要求一致。（　　）

（4）所有生产和检验设备都应当有明确的操作规程。（　　）

二、单项选择题

（1）物料必须从（　　）批准的供应商处采购。

A．供应管理部门　　B．生产管理部门

C．质量管理部门　　D．财务管理部门

（2）下列哪一项不是实施GMP的目标要素：（　　）。

A．将人为的差错控制在最低的限度

B．防止对食品的污染、交叉污染以及混淆、差错等风险

C．建立严格的质量保证体系，确保产品质量

D．与国际食品市场全面接轨

三、多项选择题

（1）为实现质量目标提供必要的条件，企业应当配备足够的、符合要求（　　）。

A．人员　　B．厂房　　C．设施　　D．设备

（2）必须每年体检一次的人员包括（　　）。

A．生产操作人员　　B．质量管理人员

C．洗衣工作人员　　D．食堂工作人员

（3）物料应当根据其性质有序分批贮存和周转，发放及发运应当符合（　　）的原则。

A．合格先出　　B．先进先出　　C．急用先出　　D．近效期先出

（4）厂房、设施、设备的验证通常需要确认下列过程（　　）。

A．设计确认　　B．安装确认　　C．运行确认　　D．性能确认

单元四　卫生标准操作程序

学习目标

（1）理解卫生标准操作程序的基本概念。
（2）掌握卫生标准操作程序的具体内容。
（3）能依据卫生标准操作程序初步解决食品厂相关卫生问题。
（4）能初步制定相关食品企业的卫生标准操作程序。

理论知识

一、SSOP概述

（一）概念

卫生标准操作程序（sanitation standard operation procedures，SSOP）：是食品加工企业为了保证达到GMP所规定的要求，确保加工过程中消除不良因素，使其所加工的食品符合卫生要求而制定的，指导食品生产加工过程中如何实施清洗、消毒和卫生保持的作业指导文件。SSOP是食品生产和加工企业建立和实施HACCP计划的重要的前提条件。

（二）SSOP的一般要求

（1）加工企业必须建立和实施SSOP，以强调加工前、加工过程中和加工后的卫生状况和卫生行为。

（2）SSOP应该描述加工者如何保证某个关键的卫生条件和操作得到满足。

（3）SSOP应该描述加工企业的操作如何受到监控来保证达到GMP规定的条件和要求。

（4）每个加工企业必须保持SSOP记录，至少应记录与加工厂相关的、关键的卫生条件和操作受到监控和纠偏的结果。

（5）官方执法部门或第三方认证机构应鼓励和督促企业建立书面的SSOP计划。

（三）SSOP主要内容

（1）与食品接触或与食品接触物表面接触的水（冰）的安全。
（2）与食品接触的表面（包括设备、手套、工作服）的清洁度。
（3）防止发生交叉污染。
（4）手的清洗与消毒，厕所设施的维护与卫生保持。
（5）防止食品被污染物污染。

（6）有毒化学物质的标记、贮存和使用。
（7）雇员的健康与卫生控制。
（8）虫害的防治。

（四）SSOP 文件应包含的内容

（1）企业使用的卫生程序。
（2）卫生程序计划表。
（3）提供支持日常监测计划的基础。
（4）确保及时采取纠正措施的计划。
（5）如何分析、确认问题发生的趋势，并防止其再次发生。
（6）如何确保企业内部每个人都理解卫生的重要性。
（7）员工连续培训的内容。
（8）向买方和检查人员的承诺。
（9）提高企业内卫生操作和状况的方法。

（五）SSOP 的意义

（1）SSOP 是实施 HACCP 计划的基础和前提。

（2）通过实行卫生计划，企业可以对大多数食品安全问题和相关的卫生问题实施强有力的控制。

（3）对于导致产品不安全或不合法的污染源，卫生计划就是控制它的预防措施。

（六）SSOP 与 GMP 的关系

（1）GMP 规定食品生产加工、贮存、运输等方面的基本要求，是政府食品安全主管部门以法规形式发布的强制性要求。

（2）SSOP 是企业为了达到 GMP 所规定的卫生要求而制定的企业内部的卫生控制文件。

（3）GMP 的规定是原则性的，包括硬件和软件，是相关食品企业必须达到的基本条件。SSOP 的规定是具体的，负责指导卫生操作和卫生管理的具体实施。

（4）GMP 是 SSOP 的基础，制定 SSOP 的依据是 GMP。将 GMP 法规中有关卫生方面的要求具体化，转化为具有可操作性的作业指导文件，构成 SSOP 的主要内容。

二、SSOP 的基本内容和要求

（一）水（冰）的安全

生产用水（冰）的卫生质量是影响食品卫生的关键因素，食品加工厂应有充足供应的水源。对于任何食品的加工，首要的一点就是要保证水的安全。食品加工企业一个完整的 SSOP，首先要考虑与食品接触或与食品接触物表面接触用水（冰）的来源与处理应符合有关规定，并要考虑非生产用水及污水处理的交叉污染问题。

1. 水源

食品加工厂的水源一般由城市供水、自备水源组成。

（1）城市供水。又称公共供水或城乡生活饮用水，是由自来水厂供应的饮用水。使用城市供水具有许多优点，如它具有良好的化学和微生物标准；经过了净化或处理，在决定使用前经过了检验，符合国家饮用标准等。但它的费用也较其他种类的水源昂贵。城市供水是各种水源中最常用的。

（2）自备水源。由自备水井或海水供水。相比较而言自供水费用较低，但比城市供水更易污染。由于井水中含有大量的可溶性矿物质、不溶性固体、有机物、可溶性气体及微生物，因此，使用井水需要进行水处理。海水也是食品生产企业经常使用的一种水源。

使用自备水源要考虑：

井水——周围环境、井深度、污水等因素对水的污染。

海水——周围环境、季节变化、污水排放等因素对水的污染。

对两种供水系统并存的企业采用不同颜色管道，防止生产用水与非生产用水混淆。

2. 标准

近年来，国际组织和发达国家的饮用水水质标准都有很大提高。世界卫生组织2004年发布了《饮水水质准则》（第三版）中水质指标增至144项；美国2004年的饮水水质标准中涵盖水质指标102项。为了提高我国生活饮用水标准并逐渐与国际接轨，制定了新版《生活饮用水卫生标准》（GB 5749—2006），并于2007年7月1日正式实施。新标准加强了对水质有机物、微生物和水质消毒等方面的要求，饮用水水质指标由原标准的35项增至106项。新标准重点参考了世界卫生组织、欧盟、美国、俄罗斯、日本等组织和国家现行饮用水标准，指标限值主要取自世界卫生组织2004年10月发布的《饮用水质准则》第三版及2006年的增补版本资料。新标准中将水质指标分为常规指标与非常规指标两类。所谓“常规指标”是指能反映生活饮用水水质基本状况的水质指标；“非常规指标”是指相对局限存在于某地区或者不经常被检出的指标项目，可根据地区、时间或具体情况，降低检测频率和有选择的进行检测。

水产品加工中原料冲洗使用海水的，应符合水质标准GB 3097—1997《海水水质要求》。申请国外注册的食品加工企业，水质应符合进口国的规定。

3. 水的贮存和处理

（1）水的贮存方式。水塔、蓄水池、贮水罐等。

（2）水的处理方式。在不能完全确保水质安全的情况下，应考虑对水进行进一步的处理，包括物理处理（沉淀、过滤）；化学处理（离子交换）。水的消毒处理有加氯处理（自动加氯系统）、臭氧处理、紫外线消毒等几种方法。在对水进行处理时，要对处理程序、标准、结果进行规定。

（3）防止饮用水与污水的交叉污染。为了防止饮用水和非饮用水、污水的交叉污染，食品加工企业必须对本公司的供水系统和排水系统有非常清晰的认识，并能够提供供水和排水网络图，证明不同系统的管道没有交叉互联，交叉污染的可能性不存在。另外，在供水网络图中还应给出各出水口编号，以便对生产用水的安全、卫生检测监控制定计划。工厂在日常卫生管理中必须采取的措施有以下几种：

① 去保护装置的水管不能直接放在清洗、解冻、漂洗槽内。

② 水管管道不留死水区。

③ 供水管道阀门不得埋于污水中。

④ 深井总管出水口或贮水罐等出口安装止回阀。

4. 生产用冰

直接与产品接触的冰必须采用符合饮用水标准的水制造。制冰设备和盛装冰块的器具，必须保持良好的清洁卫生状况。冰的存放、粉碎、运输、盛装贮存等都必须在卫生条件下进行，防止与地面接触造成污染。

5. 设施

供水设施要完好，一旦损坏后就能立即维修好，管道的设计要防止冷凝水集聚滴下污染裸露的加工食品，防止饮用水管，非饮用水管及污水管间交叉污染。

（1）防虹吸设备。水管离水面距离为 2 倍水管直径。

（2）防止水倒流。避免水管管道有死水区；备有水管龙头真空排气阀。

（3）洗手消毒水龙头为非手动开关。

（4）加工案台等工具有将废水直接导入下水道的装置。

（5）备有高压水枪。

（6）使用软水管要求浅色，不易发霉的材料制成。

（7）有蓄水池（塔）的工厂、水池要有完善的防尘、防虫鼠措施，并进行定期清洗消毒。

（8）工厂应保持详细的供水网络图，并对水龙头按序编号，以便日常对生产供水系统进行管理与维护。供水网络图是质量管理的基础资料。

6. 操作

（1）清洗、解冻用流动水，清洗时防止污水溢溅。

（2）软水管使用不能拖在地面，不能直接浸入水槽中。

7. 监控

无论是城市公用水还是用于食品加工的自备水源都必须充分有效地加以监控，经官方检验有合格的证明后方可使用。

1）企业监测项目与方法

（1）余氯：采用试纸、比色法。

（2）微生物：细菌总数、大肠菌群依据 GB /T5750.12—2006《生活饮用水标准检验

方法　微生物指标》进行检测。

2）监测频率

（1）企业应对水余氯每天监测一次，一年对所有水龙头都应监测到。

（2）企业对水的微生物至少每月一次。

（3）当地卫生部门对城市公用水全项目每年至少一次，并有报告正本。

（4）对自备水源监测频率要增加，全项目一年至少两次。

8. 废水排放

1）污水处理

（1）污水处理应符合国家环保部门的规定。

（2）污水处理应符合防疫的要求。

（3）处理池地点的选择应远离生产车间。

2）废水排放设置

（1）对于废水排放，要求地面有一定坡度（1°～1.5°）易于排水。

（2）加工用水、台案或清洗消毒池的水不能直接流到地面，应直接入沟，以防止地面污水飞溅，污染产品和工具。

（3）水流向要从清洁区到非清洁区。

（4）地沟（明沟、暗沟）要加箅子（易于清洗、不生锈），与外界接口要防异味、防蚊蝇。

（5）地漏或排水沟的出口应使用U形、P形或S形等有存水弯的水封，以防异味。

9. 纠偏

监控时如发现加工用水存在问题，应终止使用这种水源和终止加工，直到问题得到解决。

如发现在硬管道处有交叉连接时，须立即解决。出现问题处若不能被隔离（如用关闭的阀门），加工应终止，直到修好为止。在不合理的情况下生产的产品不能营销，除非其安全性得到验证。监测发现在管弯处缺少真空排气阀或其他一些缺陷导致虹吸管回流时，应采取有效及时的行动来防止引起污染。所有的维护和纠正措施必须正确记录在每日卫生控制记录表中。

10. 记录

水的监控、维护及其他问题处理都要记录、保持。记录一般应包括：城市供水水费单、水分析报告、管道交叉污染等日常检查记录、纠偏记录等。

（二）与食品接触的表面（包括设备、手套、工作服）的清洁度

1. 与食品接触的表面

食品接触的表面的定义："接触食品的表面以及在正常加工过程中会将水滴溅在食品或食品接触面上的那些表面"（FDA，21 CFR 110.3）。根据潜在的食品污染的可能来源途径，通常把食品接触面分成直接与食品接触和间接与食品接触的表面。

与食品直接接触的表面有：加工设备、工器具、操作台、操作台案、传送带、贮冰池、内包装物料、加工人员的手和手套、工作服（包括围裙）等，如图3-13所示。

图3-13 食品直接接触的表面

间接接触的表面有：未经清洗的冷库、车间和卫生间的门把手、操作设备的按钮、车间内电灯开关等。另外食品接触面还包括空气。

2. 食品接触面的材料要求

保证材料的安全性，即无毒、不吸水、抗腐蚀、不与清洁剂和消毒剂发生化学反应、表面光滑易清洗的材料。通常采用的食品接触面的材料有：不锈钢、塑料、混凝土、瓷砖。不建议采用的材料有：竹木制品、黑铁或铸铁、黄铜、镀锌金属等。

3. 食品接触面的设计安装要求

（1）食品接触面的结构设计和安装应无粗糙焊缝、破裂、凹陷，要求表面光滑（包括缝、角、边）。

（2）要求食品的接触面无不良的关节连接、已腐蚀的部件、暴露的螺丝、螺母或其他可以藏匿污物的地方，真正做到表里如一始终保持完好的维修状态。

（3）进行食品接触面设计的目的要包括：便于清洗、消毒和维护。

4. 清洗消毒

食品接触表面在加工前和加工后都应彻底清洁，并在必要时消毒。所谓消毒是指消除或杀灭外环境中的病原微生物及其他有害微生物。

（1）方法。清洗消毒的方法分为物理方法和化学方法。物理消毒法包括以下几种：

① 机械除菌。用机械的方法从物体的表面，如水、空气、人和物品表面除掉污染的微生物，虽然不能将微生物杀灭，但可以大大减少其数量。

② 热力消毒。如干烤、烧灼、煮沸、蒸汽等消毒。

③ 辐射消毒。如紫外线消毒。

④ 超声波、微波消毒等。

化学消毒法：利用化学消毒剂（如酒精、含氯消毒剂等）进行消毒。清洁剂包括：清水、普通清洁剂、含氯清洁剂、酸、碱、酶等。有效的清洗可除去90%的细菌微生物及寄生虫等生物危害。清洗消毒的程序一般为：清除、预冲洗、使用清洁剂、再冲洗、消毒、最后冲洗。

（2）工作服、手套、水靴的清洗消毒。如图 3-14 所示。

图 3-14　工作服、手套、水靴的清洗消毒

① 应有专用洗衣房集中清洗和消毒，洗衣设备、能力与实际相适应。

② 工作服每天必须清洗消毒，一般每个工人至少配备两套工作服。

③ 不同清洁区域的工作服分开清洗消毒，清洁工作服与脏工作服分区域放置。

④ 存放工作服的房间设有臭氧、紫外线灯设备，且干净、干燥和清洁。

（3）清洗、消毒的频率。

① 台面、大型设备、地板，每班加工结束后清洗、消毒一次。

② 工器具根据实际情况而定，一般每 2～4h 清洗、消毒一次。

③ 加工设备、器具（包括手）被污染之后应立即进行清洗、消毒。

（4）空气消毒，空气消毒法包括以下几种：

① 紫外线照射法。

② 臭氧消毒法。

③ 药物熏蒸法。

5. 监控

（1）监控对象。食品接触面的条件；清洁和消毒；消毒剂类型和浓度；手套、工作服的清洁状况。

（2）监控方法。视觉检查：表面状况良好，表面已清洁和消毒；手套和外衣清洁且保持良好。化学检测（消毒剂浓度）：消毒剂的浓度是否符合规定的要求。表面微生物检查：检测方法包括平板、棉拭涂抹和发光法。

（3）监控频率。感官监测频率：每天加工前、加工过程中以及生产结束后进行。洗手消毒主要在员工进入车间时、从卫生间出来后和加工过程中检查。实验室监测频率：按实验室制定的抽样计划，一般每周 1～2 次。

（4）纠偏。在检查发现问题时应采取适当的方法及时纠正，如再清洁、消毒，检查消毒剂浓度，培训员工等。

（5）记录。记录包括每日卫生监控记录；检查、纠偏记录。

（三）防止发生交叉污染

交叉污染是通过生的食品、食品加工人员和食品加工环境把生物的、化学的污染物转移到食品上去的过程。当致病菌或病毒转移到即食食品上时，通常意味着会导致食源性疾病的交叉污染的产生。

1. 造成交叉污染的来源

（1）工厂选址、设计、车间不合理。
（2）加工人员个人卫生不良。
（3）清洁消毒不当。
（4）卫生操作不当。
（5）生、熟产品未分开。
（6）原料和成品未隔离。

2. 交叉污染的预防

（1）工厂选址、设计。工厂选址、设计应符合 GMP 要求；厂区周围环境不能造成污染；厂区内不能造成污染；并应按有关规定提前请有关部门审查图纸。
（2）车间布局。
① 工艺流程布局应合理。
② 初加工、精加工、成品包装应分开。
③ 生、熟加工分开，不同清洁度要求的区域之间应完全隔离。
④ 清洗消毒与加工车间应分开。
⑤ 所用材料易于清洗消毒。
⑥ 同一车间不能同时加工不同类别的产品。
⑦ 原料库、辅料库、成品库、内包装材料库、外包装材料库、化学品库、杂品库等应专库专用。
（3）明确人流、物流、水流、气流方向。
① 人流：应从高清洁区到低清洁区。
② 物流：应不造成交叉污染，可用时间、空间分隔。
③ 水流：应从高清洁区到低清洁区。
④ 气流：要采取入气控制、正压排气。
（4）加工人员卫生操作。培养员工应养成良好的卫生习惯，对洗手、首饰、化妆、饮食等进行控制。严禁员工有下列行为：整理完生的产品，然后整理熟的产品；处理完垃圾接着整理食品；直接在地板上作业；离开车间后返回或接触了不洁物，不洗手消毒就直接接触食品；佩戴首饰、不戴工作帽、不穿着工作服、不穿工作鞋就进入车间或投入生产；在车间里随意吐痰、无遮蔽地打喷嚏；边工作边谈笑打闹、吃东西等。员工不良习惯如图 3-15 所示。

3. 监控

（1）在开工时、交班时、用餐后续加工时，在生产车间内要进行监控。
（2）生产时应连续监控。

（3）产品贮存区域（如冷库）应每日检查。

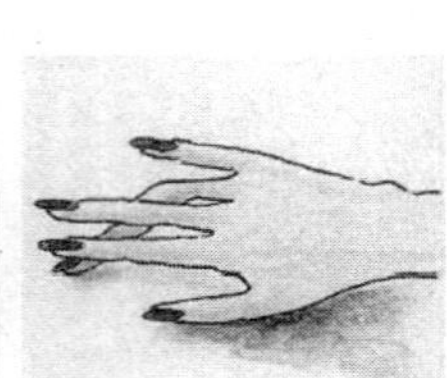

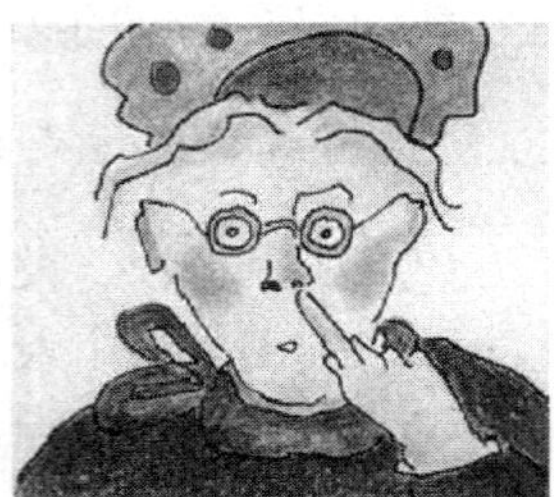

图 3-15　员工不良习惯图

4. 纠偏

（1）发生交叉污染，应采取措施防止再发生。
（2）发生污染后，必要时应停产，直到有所改进之后方可复工。
（3）如有必要，应评估产品的安全性。
（4）增加培训程序。

5. 记录

要设立消毒控制记录、改正措施记录。

知识链接

手的卫生

1. 手的污染

污染手指的细菌与食品卫生有关的主要是金黄色葡萄球菌和肠道菌。金黄色葡萄球菌在人的鼻腔分布较多，约 50%人的鼻孔内有金黄色葡萄球菌，因而当手接触鼻部或鼻涕时，手指必然受到鼻腔细菌的污染。而肠道菌大多来自粪便，最常见的问题是大便后手的处理。据调查，平均有 30.8%的食品从业人员手上检测出有大肠菌（图 3-16）。

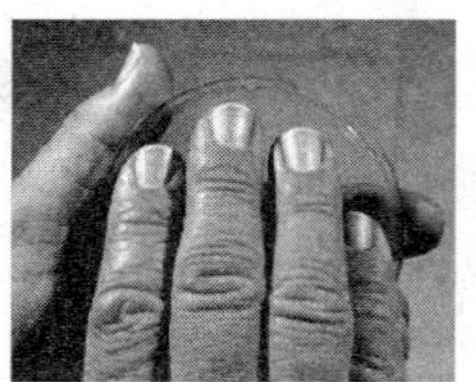
对手部细菌进行取样、培养

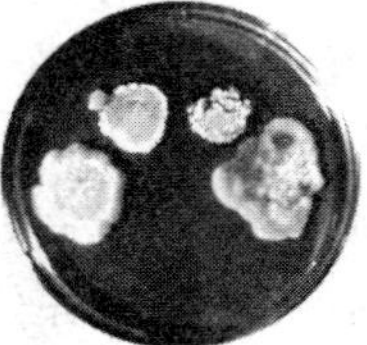
未洗前细菌成片生长

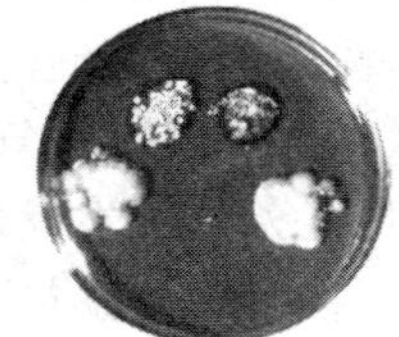
只用清水洗仍有细菌成片生长

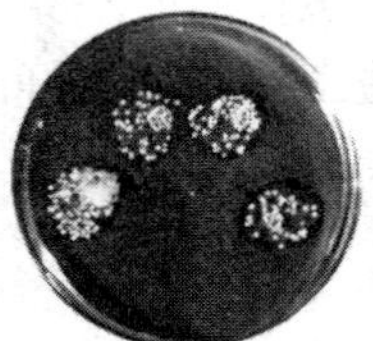
使用皂液清洗后仍有菌落生长

使用消毒剂后未见菌落生长

图 3-16　手部菌落培养示意图

2. 剪指甲

要求每周至少剪一次指甲。据调查显示，0.01g 指甲中的细菌数为 120000 个。

(四) 手的清洗和消毒、厕所设备的维护与卫生保持

手的清洗和消毒的目的是防止交叉污染。卫生设施齐备应完好，可为食品加工企业提供防止交叉污染的良好条件。

1. 洗手消毒的设施与要求

1）洗手消毒的设施

（1）应采用非手动开关的水龙头，如感应式或脚踏式开关。

（2）在冬季应有温水供应，洗手消毒效果好。

（3）应设置合适、满足需要的洗手消毒设施，每 10～15 人设一水龙头为宜。

（4）应设有流动消毒车。

2）洗手消毒方法、频率

（1）方法。清水洗手→用皂液或无菌皂洗手→冲净皂液→于 50mg/kg（余氯）消毒液浸泡 30s→清水冲洗→干手（用纸巾或毛巾）。手的清洗、消毒如图 3-17 所示。

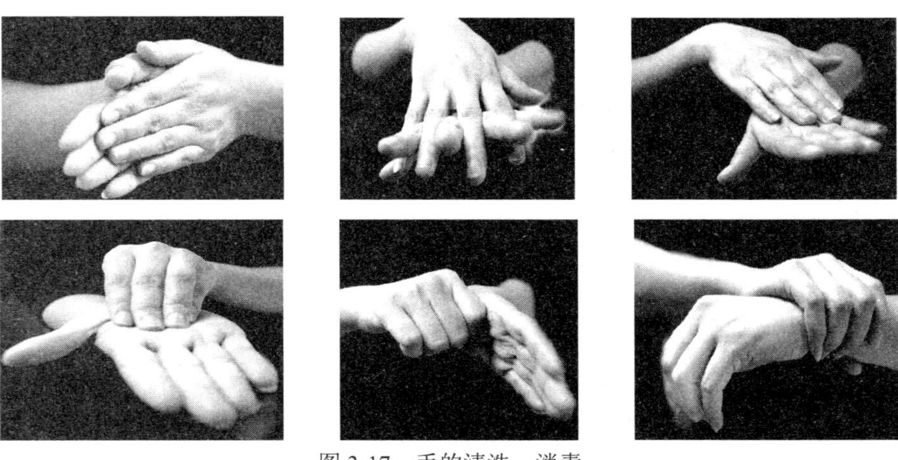

图 3-17　手的清洗、消毒

（2）频率。每次进入加工车间时，手接触了污染物后都应清洗、消毒，还应根据不同加工产品的规定确定消毒频率。

3）监测

（1）每天至少检查一次洗手设施的清洁度与完好性。

（2）卫生监控人员应巡回监督。

（3）化验室应定期对洗手设施做表面样品微生物检验。

（4）应定期检测洗手消毒液的浓度。

2. 厕所设施与要求

（1）位置。厕所与车间建筑连为一体时，门不能直接朝向车间，应设有更衣、换鞋

的设备。

（2）数量。厕所设置数量应与加工人员相适应，每 15～20 人设一个为宜。

（3）结构。严禁使用无冲水的厕所；避免使用大通道式冲水厕所，应采用蹲便器或坐便器。

（4）配套设施。厕所冲水装置、手纸和纸篓应保持清洁卫生；应设有洗手设施、干手设施和消毒设施；并应设有防蚊蝇设施。

（5）厕所应保持通风良好，地面干燥，清洁卫生。

（6）进入厕所前要脱下工作服和换鞋。

（7）生产人员出厕所前要进行洗手和消毒。

以上要求包括所有的厂区、车间和办公楼的厕所。

3. 设备的维护与卫生保持

（1）厕所配套设备应保持正常的运转状态。

（2）厕所卫生应保持良好，不造成污染。

4. 监测

（1）每天至少检查一次厕所设施的清洁与完好状况。

（2）卫生监控人员应巡回监督。

（3）化验室定期对厕所配套设施做表面样品检验。

（4）应定期检查消毒液的浓度。

5. 检查与纠偏

检查发现问题应立即纠正。

6. 记录

每日卫生监控记录包括洗手间或洗手池和厕所设施的状况，手部消毒间、池或浸手消毒液的状况；洗手消毒液的浓度、温度记录。

（五）防止食品被掺杂

防止食品、食品包装材料和食品所有接触表面被微生物、化学品及物理的污染物沾污，如清洁剂、润滑油、燃料、杀虫剂、冷凝物等。

1. 污染物的来源

（1）物理性污染物。无保护装置的照明设备的碎片，天花板和墙壁的脱落物，工具上脱落的大漆片、铁锈，竹木器具上脱落的硬质纤维，头发等。

（2）化学性污染物。润滑剂、清洁剂、杀虫剂、燃料、消毒剂等。

（3）微生物污染物。被污染的冷凝水，不清洁水的飞溅，空气中的灰尘、颗粒，外来物质，地面污物，不卫生的包装材料，唾液、喷嚏等。

2. 防止与控制

（1）包装物料的控制。包装物料存放库要保持干燥清洁、通风、防霉，内外包装应分别存放，上有盖布，下有垫板，并设有防虫鼠设施。每批内包装进厂后要进行微生物检验（细菌数＜100 个/cm^2；致病菌未检出），必要时进行消毒。

（2）冷凝水控制。冷凝水控制方法：良好通风；车间温度控制在 0～4℃；顶棚呈圆弧形；提前降温；及时清扫。

（3）物理性外来物质的控制。车间内天花板和墙壁应使用耐腐蚀、易清洗、不易脱落的材料；生产线上方的灯具应装防护罩；加工器具、设备、操作台应使用耐腐蚀、易清洗、不易脱落的材料；禁用竹木器具；工人禁止戴耳环、戒指，不准涂抹化妆品，头发不能外露。

（4）化学性外来杂质的控制。加工设备上使用的润滑油必须是食用级润滑油；有毒化学品应正确标记、保管、使用。在非产品区域操作有毒化合物时，应采取相应保护措施保护产品不受污染；禁止使用没有标签的化学品。

（5）食品的贮存库应保持卫生，不同产品、原料、成品应分别存放，应设有防鼠设施。

3. 监控

监控对象应包括任何可能污染食品或食品接触面的掺杂物，如潜在的有毒化合物、不卫生的水（包括不流动的水）和不卫生的表面所形成的冷凝物。建议在生产开始时及工作时间每 4h 检查一次。

4. 纠偏

纠偏措施包括：除去不卫生表面的冷凝物；用遮盖防止冷凝物落到食品、包装材料及食品接触面上；清除地面积水、污物、清洗化合物残留；评估被污染的食品；对员工培训正确使用化合物。

（六）有毒化学物质的标记、贮存和使用

食品加工厂有可能使用的化学物质包括洗涤剂、消毒剂（次氯酸钠）、杀虫剂、润滑剂、实验室用品、食品添加剂（亚硝酸钠、磷酸盐）等。必须正确标记、保存和按照产品说明和相关规定正确使用。

1. 有毒化学物质的贮存和使用

（1）容器的正确标记。原包装容器的标签应标明：名称、生产厂名、厂址、生产日期、有效期、批准文号、使用说明、注意事项等。工作容器标签应标明：名称、浓度、使用说明、注意事项（化学品安全说明书 MSDS）。

（2）有毒化学物的正确贮存。

① 食品级化学品与非食品级化学品应分开存放。

② 清洗剂、消毒剂与杀虫剂应分开存放。

③ 一般化学品与剧毒化学品应分开存放。

④ 贮存区域应远离食品加工区域。

⑤ 化学品仓库应上锁，并有专人保管。

（3）有毒化学物的正确使用和管理。

① 建立化学物品台账（入库记录），以一览表的形式标明库存化学物品的名称、有效期、毒性、用途、进货日期等。

② 建立化学物品领用、核销记录。

③ 建立化学物品使用登记记录，如配制记录、用处、实际使用量、剩余配制液的处理等。

④ 制定化学物品进厂验收制度和标准，应建立化学物品进厂验收记录。

⑤ 制定化学物品包装容器的回收、处理制度，严禁将化学物品的容器用来包装或盛放食品。

⑥ 对化学物品的保管、配制和使用人员应进行必要的培训。

2. 监控

（1）监控内容包括标志、贮藏及使用过程。

（2）经常检查以确保符合要求。

（3）建议一天至少检查一次。

（4）生产期间应全程监控。

3. 纠偏

（1）转移存放错误的化合物。

（2）对标记不清的化学品应拒收或退回给供应商。

（3）对于不能正确辨认内容物的工作容器应重新标记。

（4）不合适或已损坏的工作容器应弃之不用或销毁。

（5）评价不正确使用有毒化合物所造成的影响，判断食品是否已遭污染（有些情况必须销毁食品）。

（6）加强员工培训以纠正不正确的操作。

4. 记录

（1）化学物质使用控制记录。

（2）消毒液浓度配制记录。

（3）清洗消毒剂领用记录。

（4）实验室培养基配制记录。

（七）雇员的健康与卫生控制

食品企业的生产人员（包括检验人员）是直接接触食品的人，其身体健康及卫生状况直接影响食品卫生质量。根据食品安全法规定，凡从事食品生产的人员必须经过体检合格，获有健康证者方能上岗。

1. 检查

（1）企业员工上岗前必须进行健康检查，上岗后必须定期进行健康检查，每年至少进行一次体检。

（2）食品生产企业应制定体检计划，并设有体检档案，凡患有有碍食品卫生的疾病的生产人员，如病毒性肝炎、活动性肺结核、肠伤寒及其带菌者、细菌性痢疾及其带菌者、化脓性或渗出性脱屑皮肤病患者、手外伤未愈合者等不得参加直接接触食品加工，痊愈后经体检合格后方可重新上岗。

（3）生产人员要养成良好的个人卫生习惯，按照卫生规定从事食品加工，进入加工车间应更换清洁的工作服、帽、口罩、鞋等，不得化妆、戴首饰、戴手表等。

（4）食品生产企业应制定卫生培训计划，定期对加工人员进行培训，并将记录存档。

2. 监督

监督的目的是控制可能导致食品、食品包装材料和食品接触面的微生物污染。

（1）健康检查。员工的上岗前健康检查；定期健康检查，每年进行一次的体检；每日健康状况检查，观察员工是否患病或有伤口感染的迹象，要注意加工厂员工的一般症状和状况，是否有如发烧伴有咽喉疼痛、黄疸症、手外伤未愈合等现象发生。

（2）员工个人卫生监控包括：洗手、消毒程序的执行情况；工作服是否干净、整齐，是否身上粘有异物，指甲是否过长，手面是否有伤或化脓现象；生产无关的物品严禁带入车间，员工不得佩戴首饰，不得化妆、涂指甲油等；生产车间严禁吸烟、吃食品、喝饮料；进入卫生间要更衣、洗手；工作人员不得乱串岗。

3. 纠偏

将患病员工调离生产岗位直至痊愈。

4. 记录

（1）全体员工的健康检查记录。

（2）每日上岗前及生产线上员工卫生健康检查的记录。

（3）出现不满意状况和相应纠正措施的记录。

（八）虫鼠害的防治

苍蝇、蟑螂、鸟类和啮齿类动物身上会带有一定种类的病原菌，可直接消耗、破坏食品，还会在食品中留下令人厌恶的东西，如毛发，给食品带来致病性微生物的污染。

1. 防治计划

（1）编制灭鼠分布图、清扫消毒执行规定。

（2）防治范围包括全厂范围、生活区甚至包括厂周围。重点：厕所、下脚料出口、垃圾箱周围、食堂等。

2. 防治措施

（1）清除滋生地及清理周边环境。

（2）预防有害动物进入车间，可采用风幕、水幕、纱窗、黄色门帘、暗道、挡鼠板、反水弯等。

（3）杀灭有害动物。车间入口处应设有灭蝇灯、粘鼠胶、鼠笼，不能用灭鼠药；生产区可用杀虫剂。

3. 卫生监控和纠偏

（1）纠正可能引起虫害的状况，定期捕杀老鼠和飞虫。

（2）监控频率：根据情况而定，发现问题，应立即进行纠偏。

（3）如若昆虫、鸟、鼠害严重时，应列入 HACCP 计划中。

4. 记录

（1）虫害、鼠害控制记录。

（2）纠偏记录。

三、SSOP 的监控与记录

在食品加工企业建立了标准卫生操作程序之后，还必须设定监控程序，实施检查、记录和纠正措施。企业设定监控程序时应描述如何对 SSOP 的卫生操作实施监控；它们必须指定何人、何时及如何完成监控。对监控要实施，对监控结果要检查，对检查结果不合格者还必须采取措施以纠正。对以上所有的监控行动、检查结果和纠正措施都要记录，通过这些记录说明企业不仅遵守了 SSOP，而且实施了适当的卫生控制。食品加工企业日常的卫生监控记录是工厂重要的质量记录和管理资料，应使用统一的表格，并归档保存。一般记录审核后存档，应保留两年。

（一）水的监控记录

生产用水应具备以下几种记录和证明：

（1）每年 1～2 次由当地卫生部门进行的水质检验报告的正本。

（2）自备水源的水池、水塔、贮水罐等有清洗、消毒计划和监控记录。

（3）食品加工企业每月一次对生产用水进行细菌总数、大肠菌群的检验记录。

（4）每日对生产用水的余氯检验。

（5）生产用直接接触食品的冰，自行生产者，应具有生产记录，记录生产用水和工器具的卫生状况。如果是向冰厂购买者，应具备冰厂生产冰的卫生证明。

（6）加工用水（冰）加氯处理的记录。

（7）水的中间暂存设备清洗消毒记录。

（8）申请国外注册的食品加工企业需根据注册国家要求项目进行监控检测并加以记录。

（9）工厂供水网络图（不同供水系统，或不同用途供水系统应用不同颜色表示）。

（二）清洗、消毒记录

清洗、消毒记录是对食品接触面的清洗、消毒执行情况的记录，以证明卫生控制的实施，防止发生污染食品的情况。清洗、消毒记录包括以下几个内容：

（1）开工前、休息间隙、每天收工后对食品接触面的清洗、消毒记录。

（2）工作服、手套、靴鞋的清洗、消毒记录。

（3）消毒剂种类及消毒水的浓度、温度的记录。

（三）表面样品的检测记录

表面样品是指与食品接触表面，例如加工设备、工器具、包装物料、加工人员的工作服、手套等。这些与食品接触的表面的清洁度直接影响食品的安全与卫生，也是验证清洁、消毒的效果。表面样品检测记录包括以下几个内容：

（1）加工人员的手（手套）、工作服。

（2）加工用案台桌面、刀、筐、案板。

（3）加工设备，如去皮机、单冻机等。

（4）加工车间地面、墙面。

（5）加工车间、更衣室的空气。

（6）内包装物料。检测项目为细菌总数、沙门氏菌及金黄色葡萄球菌。

经过清洁、消毒的设备和工器具食品接触面细菌总数应低于 100 个/cm^2，对卫生要求严格的工序，应低于 10 个/cm^2，沙门氏菌及金黄色葡萄球菌等致病菌不得检出。对于车间空气的洁净程度，可通过空气暴露法进行检验。表 3-5 是采用普遍肉汤琼脂，直径为 9cm 平板在空气中暴露 5min 后，经 37℃培养的方法进行检测，对室内空气污染程度进行分级的参考数据。

表 3-5　空气污染程度分级

菌落总数/（个/cm^2）	空气污染程度	评价
30 以下	清洁	安全
30～50	中等清洁	比较安全
50～70	低等清洁	应加注意
70～100	高度污染	对空气要进行消毒
100 以上	严重污染	禁止加工

（四）雇员的健康与卫生检查记录

食品加工企业的雇员，尤其是生产人员，是食品加工的直接操作者，其身体健康与卫生的状况，直接关系到产品的卫生质量。因此食品加工企业必须严格对生产人员，包括从事质量检验的工作人员进行卫生管理。对其检查记录包括以下几个内容：

（1）生产人员进入车间前的卫生点检记录。包括：检查生产人员工作服、鞋帽是否穿戴正确；检查是否化妆、头发外露、手指甲修剪等；检查个人卫生是否清洁，有无外伤，是否患病等；检查是否按程序进行洗手消毒等。

（2）食品加工企业必须具备生产人员健康检查合格证明及档案。

（3）食品加工企业必须具备卫生培训计划及培训记录。

（五）卫生监控与检查纠偏记录

食品加工企业应为生产创造一个良好的卫生环境，保证产品是在适合食品生产、安全卫生的条件下进行生产，这样才不会出现掺假食品。食品加工企业的卫生执行与检查纠偏记录包括以下几个内容：

（1）工厂灭虫灭鼠及检查、纠偏记录（包括生活区）。

（2）厂区的清扫及检查、纠偏记录（包括生活区）。

（3）车间、更衣室、消毒间、厕所等清扫、消毒及检查、纠偏记录。

（4）灭鼠图。

食品加工企业应注意做好以下几个方面的工作：

（1）保持工厂道路的清洁，经常打扫和清洗路面，有效地减少厂区内飞扬的尘土。

（2）清除厂区内一切可能聚集、滋生蚊蝇的场所，生产废料、垃圾要用密封的容器运送，做到当日废料、垃圾当日及时清除出厂。

（3）实施有效的灭鼠措施，绘制灭鼠图，不宜采用药物灭鼠。

（六）化学药品购置、贮存和使用记录

食品加工企业使用的化学药品有消毒剂、灭虫药物、食品添加剂、化验室使用化学药品以及润滑油等。

1. 消毒剂

（1）氯与氯制剂：常用的有漂白料、次氯酸钠、二氧化氯。常用的浓度（余氯）：洗手液 50mg/kg，消毒工器具 100mg/kg，消毒鞋靴 200～300mg/kg。

（2）碘类。常用于消毒工器具、设备，有效碘含量为 25～50mg/kg。

（3）季铵化物：新洁尔灭属于此类，不适于与肥皂以及阴离子洗涤剂共用，使用浓度应不少于 200～1000mg/kg。

（4）两性表面活性剂。

（5）65%～78%的酒精液。

（6）强酸、强碱。

2. 化学药品

使用化学药品必须具备以下证明及记录：

（1）购置的化学药品应具备卫生系统批准允许使用的证明。

（2）贮存保管登记。

（3）领用记录。

目标检测

判断题

（1）水的流向应由非清洁区流向清洁区。（　）

（2）与食品接触表面的清洁度可以不考虑工作服的清洁。（　）

（3）手的清洁、消毒和厕所设备的维护与卫生保持与食品的安全没有关系。（　）

（4）食品加工过程中会使用一些清洁剂、润滑油、燃料和杀虫剂，可能会造成食品的污染。（　）

（5）有毒化学物质的标记、贮存和使用将直接影响食品的卫生与安全。（　）

（6）对于雇员的健康与卫生控制以及对虫害的防治均会影响食品的卫生和安全。（　）

（7）化学品贮存和使用记录必须保存，而购置记录可以不需要保存。（　）

（8）食品容器可使用竹制品、纤维。（　）

（9）苍蝇、蟑螂、鸟类和啮齿类动物带一定种类病原菌，因此虫害防治对食品加工至关重要。（　）

（10）清洁区、非清洁区使用的工作服可一次清洗。（　）

（11）为了提高生产效率，员工可穿工作服、鞋靴上卫生间。（　）

（12）公司要有固定的场所或区域，对工器具进行清洗消毒。（　）

（13）上岗前和每年度从事食品加工的员工应进行健康检查，并建立员工健康档案。（　）

（14）灭鼠尽量使用灭鼠药。（　）

单元五　危害分析及关键控制点

学习目标

（1）了解 HACCP 的发展与现状、特点、与其他体系的关系。

（2）掌握 HACCP 的概念、基本原理。

（3）学会 HACCP 体系的实施步骤。

（4）能初步进行 HACCP 分析。

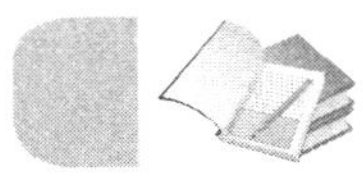

理论知识

一、危害分析与关键控制点简介

（一）危害分析及关键控制点的发展与现状

危害分析与关键控制点（hazard analysis critical control point，HACCP），它是一种以

预防为主的食品安全卫生管理体系，是通过对原材料采购、加工、贮存、销售至食用为止的各个环节可能产生的危害进行分析，确定对这些危害进行管理的关键控制点，并进行重点监控。从而实现预防、消除或降低食品危害的一种卫生管理方法。

HACCP 起源于 20 世纪 60 年代美国对宇航员食品的安全控制，是由美国太空总署（NASA）、陆军 Natick 实验室和美国 Pillsbury 公司共同发展而成。60 年代初期，Pillsbury 公司在为美国太空项目尽其努力提供食品期间，率先应用 HACCP 概念。Pillsbury 公司认为他们现用的质量控制技术，并不能提供充分的安全措施来防止食品生产中的污染。确保安全的唯一方法是研发一个预防性体系，防止生产过程中危害的发生。从此，Pillsbury 公司的体系作为食品安全控制最新的方法被全世界认可。但它不是零风险体系，其设计目的是为尽量减少食品安全危害。

HACCP 概念的雏形是在 1971 年美国国家食品保护会议上首次被提出的。1973 年美国药物管理局（Food and Drug Administration，FDA）首次将 HACCP 食品加工控制概念应用于罐头食品加工中，以防止腊肠毒菌感染。

在 1985 年，美国国家科学院（National Academy of Sciences，NAS）建议与食品相关之各政府机构应使用 HACCP 方法于稽查工作上，并鉴于 HACCP 实施于罐头食品成功例子之经验，建议所有执法机构均应采用 HACCP 方法，对食品加工业应强制执行。1986 年，美国国会要求美国海洋渔业服务处（National Marine Fisheries Service，NMFS）研订一套以 HACCP 为基础之水产品强制稽查制度。

世界卫生组织和国际食品微生物规范委员会鼓励食品生产企业广泛使用 HACCP。食品卫生委员会制定了一份所有成员国都可以使用的 HACCP 标准化方法后，食品法典委员会现今也鼓励在食品工业中实际应用 HACCP。欧盟规定 1995 年 1 月 1 日以后进入欧盟的海洋食品除非在 HACCP 体系下生产，否则对最终产品应进行全面测试。目前 HACCP 体系及其应用准则，被许多国家应用，如加拿大、澳大利亚、新西兰、日本、泰国。

1988 年，HACCP 的概念开始引入我国。1991 年，原中国进出口商品检验检疫局组织全国商品检验检疫系统开展了应用 HACCP 原理的出口安全食品工程的研究，制定了冻猪肉、冻鸡肉、冻对虾、活鳗和烤鳗、蘑菇罐头、竹笋罐头、速冻春卷、蜂蜜和柑橘八种出口食品的 HACCP。HACCP 体系已成为中国进出口商品检验检疫局确保食品安全控制的基本政策，并逐步建立了与发达国家相对等的（HACCP）法规体系。

2002 年中国国家认证认可监督管理委员会发布第 3 号公告《食品生产企业危害分析与关键控制点 HACCP 体系管理体系认证管理规定》，规范了食品生产企业实施 HACCP 体系的认证监督管理工作，HACCP 体系认证管理工作实现了有法可依。2002 年国家质量监督检验检疫总局发布了第 20 号令，明确提出了《卫生注册需评审 HACCP 体系的产品目录》，第一次强制性要求某些食品生产企业建立和实施 HACCP 管理体系，要求凡是从事罐头、水产品（活品、冰鲜、晾晒、腌制品除外），肉及其制品、速冻蔬菜、果蔬汁、含肉或水产品的速冻方便食品的生产企业在新申请卫生注册登记时，必须先通过 HACCP 体系评审，而原已获得卫生注册登记许可的企业，必须在规定时间内完成 HACCP 体系建立并通过评审。HACCP 体系认证的标志如图 3-18 所示。

（二）实施 HACCP 的意义

（1）将使企业的质量管理体系更加合理，更加科学。

（2）废品率会下降，客户投诉会减少，产品检验费用会下降，并可减少产品的质量成本。

（3）HACCP 的原理和方法具有逻辑性和可操作性，易于企业员工理解和执行。

（4）建立 HACCP 体系将为夯实企业的质量管理基础，为企业的发展增添新的实力。

图 3-18　HACCP 体系认证标志

（5）有效建立和实施 HACCP 体系的企业，获得独立的第三方认证，将为企业形象增添新的亮点，使客户对企业的产品更有信心。

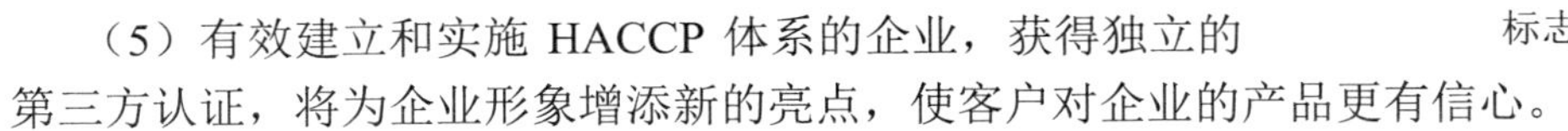

（三）HACCP 体系的特点

HACCP 是一种简便易行、合理有效的食品安全保证系统，有如下特点：

（1）HACCP 体系建立在企业良好的食品卫生管理系统的基础上，不是一个孤立的体系。

（2）HACCP 体系是预防性的食品安全控制体系，要对所有潜在的生物的、物理的、化学的危害进行分析，确定预防措施，以防止危害发生。

（3）HACCP 体系强调关键控制点的控制，在对所有潜在的危害进行分析的基础上确定哪些是显著危害，找出关键控制点。

（4）HACCP 体系的具体内容因不同食品加工过程而异，每个 HACCP 计划都反映了某种食品加工方法的专一特性。

（5）HACCP 是一个基于科学分析而建立的体系，需要强有力的技术支持。

（6）HACCP 体系不是零风险体系，而是能减少或者降低食品安全风险。

（7）HACCP 体系需要一个实践—认识—再实践—再认识的过程，企业在制定 HACCP 体系计划后，不是一成不变的，要不断对其有效性进行验证，在实践中加以完善和提高。

（四）HACCP 与其他控制体系的关系

1. HACCP 与 ISO 9000 的关系

ISO 9000 与 HACCP 都是一种预防性的质量保证体系。ISO 9000 适用于各种产业，而 HACCP 只应用于食品行业，强调保证食品的安全、卫生。二者的主要区别如表 3-6 所示。

表 3-6　ISO 9000 与 HACCP 的区别

项目	ISO 9000	HACCP
适用范围	适用于各行各业	应用于食品行业
目标	强调质量能满足顾客要求	强调食品卫生，避免消费者受危害
标准	企业可在 ISO 9001—9003 三种模式中依自身条件选择其一，再逐步提高作业标准	企业可依据市场所在国政府的法规或规范生产产品

续表

项目	ISO 9000	HACCP
标准内容	标准内容涵盖面广，涉及设计、开发、生产、安装和服务	内容较窄，以生产过程的控制为主
监控对象	无特殊监控对象	有特殊监控对象，如病原菌
实施	自愿性	由自愿逐步过渡到强制

2. HACCP 与 GMP、SSOP 的关系

1）SSOP 和 HACCP 的关系

SSOP 在对 HACCP 系统的支持性程序中扮演着十分重要的角色。有了 SSOP，HACCP 就会更有效，因为它可以更好地把重点集中在与食品或加工有关的危害上。SSOP 的设计因企业各异。SSOP 实际上是 GMP 中最关键的基本卫生条件。SSOP 既能控制一般危害又能控制显著危害，而 HACCP 重点用于控制显著危害。一些由 SSOP 控制的显著危害 HACCP 可以不作为 CCP（关键控制点），而只由 SSOP 控制。GMP 和 SSOP 内容的有效实施有助于 HACCP 中关键控制点数量的确定，甚至减少关键控制点的数量。实际上，危害是通过 SSOP 和 HACCP 中关键控制点数量的组合来控制的。如肉禽产品中单核细胞增生性李斯特氏菌的控制，在 HACCP 中通过蒸煮对关键控制点进行控制，在 SSOP 中的车间消毒和员工卫生等亦对该菌有很好的控制作用。

2）GMP 和 HACCP 的关系

GMP 和 HACCP 在食品企业卫生管理中所起的作用是相辅相成的。通过 HACCP 系统，我们可以找出 GMP 要求中的关键项目，通过运行 HACCP 系统，可以控制这些关键项目达到标准要求。掌握 HACCP 的原理和方法还可以使监督人员、企业管理人员具备敏锐的判断力和危害评估能力，有助于 GMP 的制定和实施。

GMP 是食品企业必须达到的生产条件和行为规范，企业只有在实施 GMP 规定的基础之上，才可使 HACCP 系统有效运行。控制 CCP 并不是孤立的，一个缺乏基本卫生和生产条件的企业是无法开展 HACCP 工作的，试想一个企业如果连完整的厂房、能正常运行的生产设备、合适的质量管理人员都没有，还有建立 HACCP 系统的必要和可能吗？所以说，GMP 和 HACCP 对一个想确保产品卫生质量的企业来讲是缺一不可的。

GMP 和 HACCP 系统都是为保证食品安全和卫生而制定的一系列措施和规定。GMP 是适用于所有相同类型产品的食品生产企业的原则，而 HACCP 则依据食品生产厂及其生产过程不同而不同。GMP 体现了食品企业卫生质量管理的普遍原则，而 HACCP 则是针对每一个企业生产过程的特殊原则。GMP 的内容是全面的，它对食品生产过程中的各个环节各个方面都制定出具体的要求，是一个全面质量保证系统。HACCP 则突出对重点环节的控制，以点带面来保证整个食品加工过程中食品的安全。形象地说，GMP 如同一张预防各种食品危害发生的网，而 HACCP 则是其中的纲。

从 GMP 和 HACCP 各自特点来看，GMP 是对食品企业生产条件、生产工艺、生产行为和卫生管理提出的规范性要求，而 HACCP 则是动态的食品卫生管理方法；GMP 要求是硬性的、固定的，而 HACCP 是灵活的、可调的。

3）HACCP、GMP 和 SSOP 三者的关系

GMP 构成了 SSOP 的立法基础，GMP 规定了食品生产的卫生要求，食品生产企业必须根据 GMP 要求制定并执行相关控制计划，这些计划构成了 HACCP 体系建立和执行的前提。计划包括：SSOP、人员培训计划、工厂维修保养计划、产品回收计划、产品的识别代码计划。

SSOP 具体列出了卫生控制的各项指标，包括食品加工过程及环境卫生和为达到 GMP 要求所采取的行动。HACCP 体系建筑在以 GMP 为基础的 SSOP 上，SSOP 可以减少 HACCP 计划中的关键控制点（CCP）数量。

GMP、SSOP 是制定和实施 HACCP 计划的前提和基础，也就是说，如企业达不到 GMP 法规的要求或没有制定有效的、具有可操作性的 SSOP 或有效的实施 SSOP，则实施 HACCP 计划将成为一句空话。由此可看出 GMP 是食品安全控制体系的基础，SSOP 计划是根据 GMP 中有关卫生方面的要求制定的卫生控制程序，是执行 HACCP 计划的前提计划之一，HACCP 计划则是控制食品安全的关键程序。简而言之，执行 GMP 法规的核心是 HACCP，基础是 SSOP 等前提计划，实质是确保食品安全卫生。

其三者之间现代意义上的关系如图 3-19 所示。

图 3-19　现代意义上的 SSOP、GMP、HACCP 的关系

二、HACCP 的基本原理

食品法典委员会和美国国家微生物标准咨询委员会公布的 HACCP 体系由以下七项原理组成：

（1）进行危害分析（HA）。

（2）确定关键控制点（CCPs）。

（3）建立所确定的关键控制点的关键限值（CL）。

（4）对关键控制点进行监控（M）。

（5）建立纠正程序（CA）。

（6）建立验证程序（V）。

（7）建立有效的记录及保存系统（R）。

基本原理的各项内容解释详见 HACCP 体系实施的基本步骤。

三、HACCP 体系实施的基本步骤

HACCP 不是一个孤立的体系，在体系文件中，除了与 HACCP 计划直接相关的文件（如危害分析工作单、HACCP 计划表、确定 CCP 和关键限值的支持性科学依据、执行 HACCP 所需的监控记录、纠偏记录和验证记录等）之外，其他必备的体系文件均可称为执行 HACCP 的支持性程序。HACCP 的支持性程序：为了给食品的生产卫生提供基础，用以控制厂内环境条件的程序或步骤。HACCP 的支持性程序一般都要符合政府的卫生法规，各类行业的作业规范，如 GMP 或 SSOP 规程等。通常 HACCP 的支持性程序及每个程序的具体要求如下。

1．清洁

这在食品生产过程中是关系食品食用安全的一个关键方面。我们需要将不同生产区域的清洁频率；允许使用的化学药品，它们的稀释比例、使用方法、存放的方法等通过

文件的形式确定下来。

2. 设施、设备的维修保养及相关校准

通过这一程序确保所有影响产品品质和安全的设施、设备及安全检验、测试或测量器具得到维护、定期的校准，使其准确性达到一个必要的水平，并提出当发现这些器具例如 pH 计、天平、盐度计、压力表、温度计等失准的时候，应如何处置相关产品。

3. 害虫的控制

完善的害虫控制程序对于安全（优质）食品的生产来说非常重要，需要就以下方面建立相应的文件和记录：

（1）害虫状况的检查频率。

（2）用于预防害虫的方法。

（3）当遇到害虫问题时的应对方法。

（4）所用分包商的具体情况。

（5）使用的化学药品。除此之外，化学药品、杀虫剂应标识清楚，存放安全。

4. 人力资源及培训

负责 HACCP 计划制定、验证和审核的人员须经过获得相应行业认可的培训。在关键控制点的工序上进行的监测必须确保准确，在这个岗位上负责监控的人员必须经过良好的培训。在食品工业中有很多用于监测的方法如感官，即看、尝、闻，进行专门的培训很重要。要用文件将何人、经过了什么培训记录下来。

5. 产品的标识、可追溯性与召回程序

（1）定义。对产品的识别。产品的标识内容至少应包括：产品描述、级别、规格、包装（最佳食用期或保质期）、批号、生产商。

（2）可追溯性包括两个基本的要素：

① 能够确定生产过程的输入（如杀虫剂、除草剂、化肥、成分、包装、设备等）和这些输入的来源。

② 能够确定成品已发往的位置。

6. 原辅材料质量标准及对供应商的认可

（1）明确对原料的标准要求并用文件将其记录下来。

（2）查验原料的质量。

（3）列出一份经过认可的供应商名录。

（4）保存记录。

7. GMP、SSOP 和作业标准规程（或称作业指导书）

食品操作人员的指南具体明确了为生产安全卫生食品所需遵循的操作规范，必须得到执行并应纳入食品安全/品质管理体系。一个有效运行的 HACCP 系统必须建立在现有的食

品安全卫生程序的基础之上。各类企业建立HACCP系统应具备的食品安全卫生程序如下。

食品加工企业HACCP体系建立的基础：

（1）GMP（良好操作规范）。

（2）SSOP/ GHP（卫生标准操作程序/良好卫生规范）。

（3）SQA（供应商质量保证）。

食品原料生产企业HACCP体系建立的基础：

（1）GAP（良好农业规范）。

（2）GVP（良好兽医规范）。

食品流通领域HACCP体系建立的基础：GDP（良好分销规范）。

食品法典委员会CCFH机构和美国微生物标准咨询委员会NACMCF推荐采用以下12个步骤来实施HACCP：

（1）组建HACCP计划实施小组。

（2）产品描述。

（3）确定产品预期用途。

（4）绘制生产流程图。

（5）现场验证生产流程图。

（6）列出所有潜在危害CCPs，进行危害分析，确定控制措施。

（7）确定关键控制点。

（8）确定每个关键控制点的关键限值。

（9）确定每个关键控制点的监控措施。

（10）纠偏措施的建立。

（11）建立验证审核程序。

（12）建立记录和文件的保存程序。

（一）组建HACCP计划实施小组

HACCP计划的制定和实施，必须得到企业最高领导的支持、重视和批准。HACCP的成功应用，需要管理层和员工的全面责任承诺和介入。建立HACCP体系的第一个步骤是组建一个具有相关知识和经验的HACCP小组，HACCP小组成员应该由多种学科及多部门人员组成。

1. HACCP小组组长的资格

（1）有食品加工生产的实际工作经验。

（2）具有微生物学及食源性疾病的基本知识。

（3）对良好的环境卫生、良好操作规范以及工业化生产有科学的理解。

（4）了解与本企业产品有关的各类危害以及控制措施。

（5）了解食品加工设备基本知识。

（6）具有有效的表达和组织的能力，可确保HACCP小组成员完全理解HACCP计划。

2. HACCP 小组成员的组成

（1）建立 HACCP 小组要有对产品和加工有专门知识的人员和熟悉生产的现场人员。

（2）建立 HACCP 小组需要包括企业内的各个主要部门的代表，包括来自维护、生产、卫生、质量控制等以及日常操作的人员。

3. HACCP 小组的主要职责

HACCP 工作组负责书写 SSOP 文本，制定 HACCP 计划，修改验证 HACCP 计划，监督实施 HACCP 计划和对全体人员的培训等。

4. HACCP 小组需要接受培训

为了确保 HACCP 小组成员能完全理解 HACCP 原理，并有效开展相关活动，对 HACCP 小组成员的培训是非常重要的。培训内容包括 HACCP 的原理及应用、HACCP 体系的文件化、HACCP 的内部审核、体系监控和纠偏措施。

5. HACCP 小组的特殊人员：专家

由于危害分析需要有大量的专业技术信息作为支持，企业往往需要有对该行业熟悉的专家来作为危害分析的技术后盾。这样的专家可以是企业内部的，也可以是外部的。专家不仅要完成危害分析的技术工作，还要帮助企业验证危害分析和 HACCP 计划的完整性。

6. HACCP 小组同专家的配合

HACCP 小组应当积极同专家开展配合工作，同时也不能一味地依赖专家来进行 HACCP 计划的制定。毕竟专家熟悉的是行业层次上所呈现的技术问题，但是任何一家食品企业也都会存在自己企业的特殊条件、工艺和环境，不能一劳永逸地套用某一个行业模式，这样对于企业自身的 HACCP 计划的有效制定和运行都是很不利的。

7. 小组成员收集和掌握制定 HACCP 计划所需的有关资料

收集的有关资料包括：

（1）车间和附属用房图。

（2）设备布局情况和特点。

（3）生产工序流程情况，如原料拼批、配料和添加剂的使用情况，产品在各工序间的停滞时间等。

（4）工艺技术参数，尤其是时间、温度和产品滞留时间。

（5）加工过程中产品的流向，是否有交叉污染的可能。

（6）加工现场清洁区和非清洁区，或产品被污染的高险区和低险区之间的隔离情况。

（7）设备和工器具的清洁方法。

（8）厂区环境卫生。

（9）人员分工情况和卫生质量活动。

（10）产品的存贮和发运条件。

（二）产品描述

描述的内容包括以下几个方面：

（1）产品名称（说明生产过程类型）。产品的商标名或常用名。

（2）产品的原料和主要成分。

（3）产品的理化性质（包括 A_w，pH 等）及杀菌处理（如热加工、冷冻、盐渍、熏制等）。

（4）包装方式。包括初级的（内包装）：产品直接接触的包装，例如散装、1L 纸箱、桶、筒仓以及包装条件，如 CO_2 气调、真空包装。运输的（外包装）：用于产品运输的包装类型，如塑料编织袋、塑料板条箱、收缩包装盘等。

（5）贮存条件。产品应该怎样贮藏才能最大限度地减少危害程度和风险，例如贮藏的温度、湿度、环境条件。

（6）保质期限。列出产品在适用的正常销售条件下（如贮藏温度和湿度）产品的预计货架期。对于行业内通常的可接受货架期，必须经过对本企业产品的验证更新。

（7）销售方式。

（8）销售区域。

（9）产品所采用的质量标准。尤其要明确产品的卫生标准。

（10）必要时有关食品安全的流行病学资料。

（11）产品的预期用途和消费人群。产品描述实例见表 3-7。

表 3-7　××啤酒的产品描述

成品名称：××啤酒 500mL（10%，精品，普通）荞麦干啤	
主要原料	水、麦芽、大米、苦荞麦、啤酒花
主要成分	水、酒精、二氧化碳、碳水化合物、蛋白质、高级醇、酯、醛、酸、双乙酰、多酚、酒花树脂
重要特性	1. 感官、理化指标：符合 GB 4927－2008 标准 2. 卫生指标：符合 GB 2758－2012 要求
开启方法	正立勿震荡，啤酒专用瓶启开启
饮用方法	常温、容器洁净、慢饮
包装方式	洁净无污染的玻璃瓶包装
贮存方式	5～25℃避光保存，保质期符合 GB 4927—2008 标准
销售地点、方式	国内各地区、直销和经销商分级销售
标签说明	符合 GB 10344－2005 和 GB 7718—2011 标准且有警示语
预期用途	正常饮用，一般公众、儿童过度饮用不宜
质量卫生标准	符合 GB 4927—2008 和 GB 2758—2012 标准要求

（三）确定产品的预期用途

产品的预期用途是指所预期的最终消费者对产品的食用方法，如该产品是直接食用、还是加热后食用或者再加工后才能食用等。在特殊情况下，易受伤害的群体，例如集体用餐者，应特别予以考虑。

产品用途应以最终用户或消费者在正常情况下食用产品的方法为依据。对于不同的用途和不同的消费者，食品的安全保证程度不同。如冷冻即食虾（熟）通过冷冻分发并在普通公众中销售，因消费者可能不加热就直接食用，某些病原体的存在就构成了显著的危害。然而对于原料虾，消费者食用前常常采取煮熟措施，此时同一病原体可能就不是一种显著的危害。有五种敏感或易受伤害的人群：老人、婴儿、孕妇、病人或免疫系统有缺陷者。

（四）绘制生产流程图

HACCP 小组成员应深入企业各工段，认真观察从原材料进厂直至成品出厂的整个生产加工过程，并与企业生产管理人员和技术人员交谈，详细了解生产工艺以及基础设施、设备工具和人员的管理情况。在此基础上，绘制生产工艺流程简图。

企业应制定包括食品安全体系涉及的所有产品的生产实际流程图。若一个企业同时生产多种产品，而不同产品的加工工序存在明显区别时，企业应分别制定流程图，每个产品应绘制一张加工流程图，从原料接收到产品装运出厂，整个产品的前处理、加工、包装、贮藏和发运等与加工有关的所有环节，包括产品的各工序之间的停留，都应体现在这份详尽的流程图上，以供进行危害分析和识别关键控制点时使用。生产流程图展示了整个生产流程的画面，包涵了所有生产环节，是危害分析的基础。

流程图描写应该包括以下内容：

（1）所有生产活动，包括检验、运输、贮存以及生产过程的停滞等细节。

（2）生产过程的输入，根据原料、包装、水和化学物质等要素。

（3）生产过程的输出，如废料、原料、半成品、返工和产品拒收。

生产流程图为潜在污染源的确定、提出控制措施和为 HACCP 小组提供讨论和评估的重点提供了方便。系统的规划便于工艺流程图的制作和清楚地显示出交叉污染的区域。最好是在制作流程图和进行系统规划的时候让在现场工作的人员也一起参加。

一张完整的实用型流程图，要有以下一些必要的技术性资料作支持：

（1）原辅料及包装材料的物理、化学、微生物学方面的数据。

（2）加工工艺步骤及顺序。

（3）所有工艺参数。

（4）生产中的温度-时间对应图。

（5）产品的循环或再利用线路。

（6）设备类型和设计特征，有无卫生或清洗死角存在。

（7）高、低危害区的分隔。

（8）产品贮存条件。

生产流程图无统一格式要求，常见的有用简单的方框或符号，清晰、简明地描述从原料接收到产品贮运的整个加工过程，以及有关配料等辅助加工步骤。

生产流程图是危害分析的基础，要能反映出每一个技术环节。流程图中对应的加工步骤应有适当的文字性工艺表述，这样有利于对危害的识别。对于一些用流程图描述不太清楚的技术内容，如环境或加工过程中出现的其他危害（冰、水、清洗、消毒过程、工作人员、厂房结构、设备特点），要以文字性的形式附在流程图后面，作为流程图的补充内容列出。

（五）现场验证的生产流程图

流程图的精确性对危害分析的准确性和完整性是非常关键的。在流程图中列出的步骤中必须在加工现场加以验证。如果某一步骤被疏忽将有可能导致遗漏显著的安全危害。HACCP 小组应该在整个生产进行过程中，根据工艺流程图对生产进行确认，必要时对流程图进行修改。

由于工艺流程图是危害分析的依据，进而也是 HACCP 系统成功的基础，它的准确性很关键。验证工艺流程图的唯一的办法就是在生产进行的时候从头至尾实施一遍。HACCP 小组还应考虑所有的加工工序及流程，包括班次不同造成的差异。

这项工作应该让 HACCP 小组的全体成员都参加，通过这种深入调查，可以使每个小组成员对产品的加工过程有全面的了解，并且应该在不同的班次进行（适用时）“边走边谈”。

现场确认可分为以下几个阶段：

（1）对比阶段。将拟定的生产流程图与实际操作过程作对比，在不同的操作时间查对工艺过程与工艺参数、生产流程图中的有关内容，检验生产流程图对生产全过程的实效性、指导性、权威性。

（2）查证阶段。查证与实际生产不吻合部分，对生产流程图做适当修改。

（3）调整阶段。在出现配方变动或设备变换时，也要适时调整生产流程图，以确保生产流程图的准确性和完整性，使之更具可操作性和科学性。

（4）确认阶段。通过前面三个阶段的工作，对生产流程图做出客观的确认与定夺，作为生产中的执行规范下发企业各个部门和所有人员，并监督执行。

（六）列出所有潜在危害 CCPs，进行危害分析，确定控制措施

在生产流程图完成并通过审核后，HACCP 小组的任务就要转到 HACCP 研究的下一步：危害分析。危害分析就是识别食品中有可能发生、并且一旦发生了会对消费者造成不可接受风险的显著危害。危害分析的目的是：识别可能发生的危害，为可能发生的危害做风险评估，以及根据识别出的危害确定预防措施，以确保食品的安全。应列出加工过程中有可能发生危害的每一步工序，从原材料、生产、加工、分销一直到消费，进行危害分析并说明预防措施。定性危害分析是每个 HACCP 工作组的职责并应该包括以下内容：

（1）可能发生的危害以及它们对健康影响的程度。

（2）定性和定量的评估存在的危害。

（3）相关微生物生存和繁殖的条件。

（4）产生或残留在食品中的毒素、化学或物理试剂。

（5）产生上述危害的条件。

危害分析包括两种基本活动：头脑风暴（brain storming）和风险评估。

危害包括生物危害、化学危害、物理危害。进行危害分析时，要考虑两方面的情况，一是此危害存在的可能性，二是存在后的严重性。危害分析过程也要建立预防措施以控制危害。

在危害分析阶段要根据产品的原料、加工过程、销售过程及产品的预期用途来考虑许多问题，这些问题包括，是否一个食品含有某些敏感成分，这些敏感成分是否造成微生物危害、化学危害或物理危害；或是否采用的卫生操作对制备中或加工中的食品引入了危害。还有一些食品企业无法控制的因素也应考虑到，如消费者把食品购买回去后，将怎样处理食品，又将怎样食用食品，因为这些因素都可以影响食品企业的生产准备和加工过程。

危害分析的三个组成部分：

（1）识别危害。

（2）确认显著危害。

（3）要采取的预防控制措施。

1. 识别危害

根据生产流程图，HACCP 小组要列出生产过程的每一步所有可能发生的危害，即潜在的危害。进行危害分析时需考虑以下几个方面：

（1）原材料。在原材料中，可能存在哪些影响生产（产品）的危害？在原材料中，是否有某种物质如超过一定数量时将会成为危险？

（2）厂房和设备的设计。在生产（保存）中，存在发生交叉污染的危险吗？包括微生物的、化学的、物理的安全问题吗？有积聚污秽物的地方微生物会繁殖到危险水平吗？设备可以被有效地控制在正常的状态吗？能进行有效的清洁卫生吗？

（3）内在因素（产品）。必须控制哪些内在因素才能确保产品安全？在产品配方中，有害微生物会存活或繁殖生长吗？

（4）工艺设计。在热处理中有微生物继续存活吗？ 是否有哪个步骤可以杀死所有病原体？再加工（重新使用）的产品在加工过程中会产生危害吗？

知识链接

食品中危害的种类

1. 生物性危害

食品中产生的生物性危害包括细菌危害、病毒危害、寄生虫危害以及霉菌、酵母等。与食品接触的人和生产食品所用的原料是引入这些生物性危害的主要原因，另外食品加工的环境中也存在很多病原体。在充分的加热下，大部分的病原体会被杀死或是失活，在贮藏食品时，在充分的冷却下，许多的病原体的生长也得到抑制。

食源性疾病的爆发和病例，大部分是由致病菌引起的。食品原料中可能会含有一定数量的致病菌。温度控制不好，如加热或冷却不当，都会大大增加细菌的数量。即食食品，如被交叉感染，则会是细菌快速生长的肥沃土壤。肠道病毒可能是食源性的、水源性的，或是从他人、从动物传染而来。与细菌不同，在活体细胞之外病毒是不能繁殖的。A 型肝炎病毒和诺夫特病毒就是即时食品中的病毒危害。

寄生生物往往是严格动物宿主寄生，而这些动物是包括在人的食物链里的。寄生虫感染经常是由未全熟的肉制品或是被交叉感染的即时食品引起的。可利用有效的冷却技术，杀死那些存在在生食、腌渍或是没有全熟的水产品内的寄生生物。

2．化学性危害

食品中的化学性危害有天然的，或在食品的加工过程中人为添加的。化学性危害从统计数字上看，在食品中发生的概率相对于生物性危害低，但往往造成较严重的后果，如蘑菇毒素中毒等。化学性危害包括以下几个方面：

（1）天然毒素，包括有毒蕈类、河豚毒素、组胺、雪卡毒素、氰苷等。

（2）农业投入品，包括农药、兽药和生长激素等。

（3）加工过程食品成分发生化学变化，包括丙烯酰胺、N-亚硝基化合物、多环芳族化合物等。

（4）滥用食品添加剂，包括各种食品添加剂的超量、超范围使用等。

（5）食品容器、包装材料的污染。

（6）食品中的放射性污染，包括各种放射性同位素污染食品原料等造成的危害。

3．物理性危害

一些坚硬的外来物体会造成疾病和伤害。这些物理危害可能是加工或操作过程造成的，或是由于原料本身存在着问题。

（5）生产设施的布置。生产设施和内部环境的设计与危害有无直接关系？控制危害所要求的控制和清洁程度是什么（如清洗房、害虫的控制）？员工在不同生产区间活动会产生危害吗？

（6）人员。员工的操作会影响产品安全吗？食品操作人员受过食品安全方面的培训吗？是否有制度控制患病的食品操作人员？员工都能根据自己的岗位理解 HACCP 的目标，以及他们与生产和产品安全的关系吗？

（7）包装。包装环境是怎样影响微生物危害的生长（存活）的？包装上是否有标志以指导产品的安全使用和处理？

（8）贮运。什么情况下产品将变质？是否采用控制产品货架期的方式以防止潜在的危害？是否有一个明确的控制和监控系统？产品若被消费者误用，是否会变得不安全？

2. 确认显著危害

HACCP 小组还须识别：“生产卫生安全的产品所必须消除或降低到可接受水平的危害。”（CAC《食品卫生总则》）。显著危害就是极有可能发生，如不加控制有可能导致消费者不可接受的健康或安全风险的危害。首先，我们要确定，是否需要采取控制措施来减少或防止危害的产生；其次是，应采取什么样的预防措施。我们需要确定每个危害的显著性。为此，我们要考虑以下两个因素。

1）危害产生的可能性（风险性）

这就是我们通常所说的产生危害的风险有多大。HACCP 小组需要考虑每一个他们所确定的危害发生的可能性（风险或概率）。这项评估可以根据：HACCP 小组的经验；食品微生物、HACCP、食品生产和食品加工方面的参考文献；科学研究的文献；生产资料；互联网；供应商；其他食品生产厂商；产品回收情况；顾客投诉；加工区域，原材料，或已经确认有疑问的产品。产生危害的可能性可以简单地分为高度（H）、中等、低度（L）。

2）危害的严重性

尽管产生的危害性是可能被认为低的度，但对消费者的健康或产品质量则可能是严重的。举个例子，肉毒梭状芽孢杆菌存在于产品中的可能性可能是很低的，但它确能使食用它的消费者致死。每个加工过程中，要确定一个潜在危害是否是显著危害，主要看两个方面：a．潜在危害能否在加工过程中引入或达到不安全水平；b．在加工过程中，能否将达到不安全水平的潜在危害防止、消除或减少到可接受水平。

注意：确定潜在危害是否是显著危害时，要充分考虑到产品的最终用途。

通过考虑每一个危害存在的可能性和严重性，来评估危害的性质或者风险。危害的识别与风险的评估相结合，可以确定哪些危害是显著的，并且应建立关键控制点以实施控制。

综合危害的危险性和严重性，我们可以判断问题是严重的、中等的、还是低度的。根据判断，我们还可以决定对危害采取什么样的控制措施，以及为采取这些控制措施需投入多少。

3）确定预防控制措施

预防控制措施是可以用来控制相应危害的因素、措施和行动。预防措施可以预防、消除食品安全危害，或将其降低到可以接受的水平。在所有显著危害已被辨明后，HACCP 小组要针对这些危害确定相应的预防控制措施。评估预防措施时应该考虑“现有的控制措施”以及需“更新”或“加强”的控制措施。利用生产流程图可帮助完成这一步工作。针对一个危害可能需要几项控制措施，一个控制措施还可以消除或降低多个危害。

部分显著危害的确定方法将帮助企业决定控制措施的水平。以下是可以用来控制三种危害的预防措施的举例。

（1）生物性危害。

① 细菌。时间（温度）控制（如适当地控制冷藏温度和贮存时间就能将病原体的生长繁殖降低到最低限度）；加热和蒸煮方法（如加热处理）；冷却和冷冻（如冷却和冷冻可以阻止致病菌的生长）；发酵和（或）pH 调节（如酸奶中产乳酸的细菌能阻止一些不能在酸性条件下很好生长的致病菌的生长）；加入盐或其他防腐剂（如盐和其他防腐剂能阻止某些致病菌的生长）；干燥（如干燥法可以利用足够的热量杀死致病菌，但是即使以较低的温度进行干燥，也可以除去食物中的足够的水分而使一些病原体无法生长）；货源控制（如购入未受到污染的货源即可控制原料中的病原体的有无或多少）。

② 病毒。蒸煮法（如充分的蒸煮将消除各种病毒）。

③ 寄生虫。饮食控制（如防止寄生虫接触食物。例如由于控制了猪的食料和生活环境，猪肉中的旋毛虫感染可以减少。然而这种控制方法并不总是适用于所有种类的供食用的动物。如野生鱼的食料和生活环境就无法控制）；失活（去除）[如有些寄生虫对化学杀菌作用有抵抗力，但是可以通过加热、干燥或冷冻使其失去活力。有些食物中肉眼检查即可查出寄生虫。有一种方法叫“透光检查法”，能使加工者在一张照得很明亮的桌子上对鱼进行检查。蠕虫（如果有的话）在光的上方，很容易看见和除去。不过这种方法不能百分之百地查出寄生虫。所以它应当和其他控制方法（如冷冻）结合起来使用]。

（2）化学性危害。控制来源 （如检查供货商的许可证和进行原料检验）；在生产过程中控制（如正确使用食品添加剂）；标签控制（如在产品上加贴标签、注明产品的成分和已确定了的过敏物质）。

（3）物理性危害。控制来源 （如查看供货商的许可证和进行原料检验）；在生产过程中进行控制（如运用磁铁、金属探测器、筛分过滤网、去石机、澄清器、空气转筒以及 X 光设备）。

注意：每种显著危害的预防方法都应记录在危害分析工作表的第五栏中。

按照危害分析的顺序，完成分析过程后，形成危害分析结果。经过确定后，可以以危害分析工作单的形式记录下来，如表 3-8 所示。

表 3-8 危害分析工作单

企业名称：××× 企业地址：××× 产品名称：××× 销售和存贮方法：×××

预期用途和消费者：×××××× 制单人：××× 制单日期：××××年×月×日

（1） 操作步骤/配料	（2） 确定本步骤引入、控制或增加的危害	（3） 潜在的食品安全危害显著	（4） 说明对第 3 栏的判断依据	（5） 防止危害的预防措施	（6） 本步骤是关键控制点吗

（七）确定关键控制点

1. 关键控制点定义

关键控制点是能够实施控制的，从而对食品安全的危害加以预防、消除或把其降低到可接受水平的加工点、步骤或工序。在对危害分析时所确立的每个显著危害，必须建立一个或多个关键控制点进行控制。关键控制点应该是加工（操作）过程中的一个点，或是一个步骤，也可以是一道工序。同时它可用来对食品安全危害实施控制，从而使食品安全危害得以预防、消除或把其降低到可接受水平。

2. 关键控制点和危害

一个关键控制点可以控制一种以上的危害。同样一种危害可以由一个或一个以上的关键控制点来控制。同类产品的关键控制点不一定相同，如布局、设备、加工流程、配料的选择等。在一条生产线上确立的某一产品的关键控制点，可以与在另一条生产线上的同样的产品的关键控制点不同。加工或操作的特殊性决定了关键控制点的特殊性。

3. 关键控制点的确定要点

1）关键控制点的判断原则

（1）危害能被预防的点可以被认为是关键控制点，如通过原料索证步骤预防病原体或药物残留；控制配方或添加配料步骤预防化学危害和病原体生长。

（2）能将危害消除的点可以确定为关键控制点，如在蒸煮过程中，病原体被杀死；金属碎片能通过金属探测器检出，通过从加工线上剔除污染的产品而消除；寄生虫能通过冷冻杀死（如生吃鱼中可能带有线虫类寄生虫、单异尖线虫）。

（3）能将危害降低到可接受水平的点可以确定为关键控制点，如通过人工的挑虫和自动分选能降低外来物质危害；通过认可海区贝类，将某些微生物和化学危害减少到最低程度。

2）判断关键控制点的方法

在确定关键控制点的方法上，CAC 的《HACCP 系统应用指南》推荐了“关键控制点判定树”的逻辑推理方法。这一方法的很重要一环是，如果危害存在且可能超过可接受水平，在后续的加工步骤是否可以彻底控制危害。如果后续的步骤可以彻底控制危害，则该步骤不应是 CCP，反之才是 CCP。关键控制点控制措施的施行情况必须能够进行监测。如果不能对控制措施的施行情况进行监测，则不能将其确定为实际操作的关键控制点。

3）判断树的应用

对危害分析期间确定的每一个显著危害，必须有一个或多个关键控制点来进行控制。CAC 推荐的“关键控制点判定树”如图 3-20 所示，通过提出下列四个问题可以帮助确定食品加工中的关键控制点。

问题 1　对已确定的危害，在本步骤或随后的步骤中是否有相应的控制措施？

如果回答是，则进入问题 2。如果在加工中不能确定控制措施能控制危害，回答为否。如果回答为否，然后问：对安全来说这步控制是必需的吗？如果也回答为否，该点不是关键控制点，移到下一个危害或显著危害的下一步骤进行判断。如果回答为是，那么这一个还是无法控制的关键控制点，须重新设计这个步骤、过程或产品的控制措施。一般而言，每一个步骤加工工艺或产品可以进行相应修改以增加控制措施。

问题 2　本步骤是否把可能发生的危害消除或减低到可接受水平？

回答该问题要考虑这是否是控制危害的最好步骤。如果回答为是，该点为关键控制点，移到下一个显著危害进行判断。如果回答为否，进入问题 3。

问题 3　已确立的危害是否能超过可接受水平或增加到不可接受的水平？

该问题在本步骤中指存在、发生或增加的污染。如果回答为否，该点不是关键控制点。移到下一个危害或显著危害进行判断。如果回答为是，进入问题 4。

问题 4　后续步骤能否将危害或危害发生的可能性消除或降低到可接受的水平？

如果回答为否，该点是关键控制点，如果回答为是，该点不是关键控制点。在这种情况下，该危害可通过接下来的加工步骤被控制。

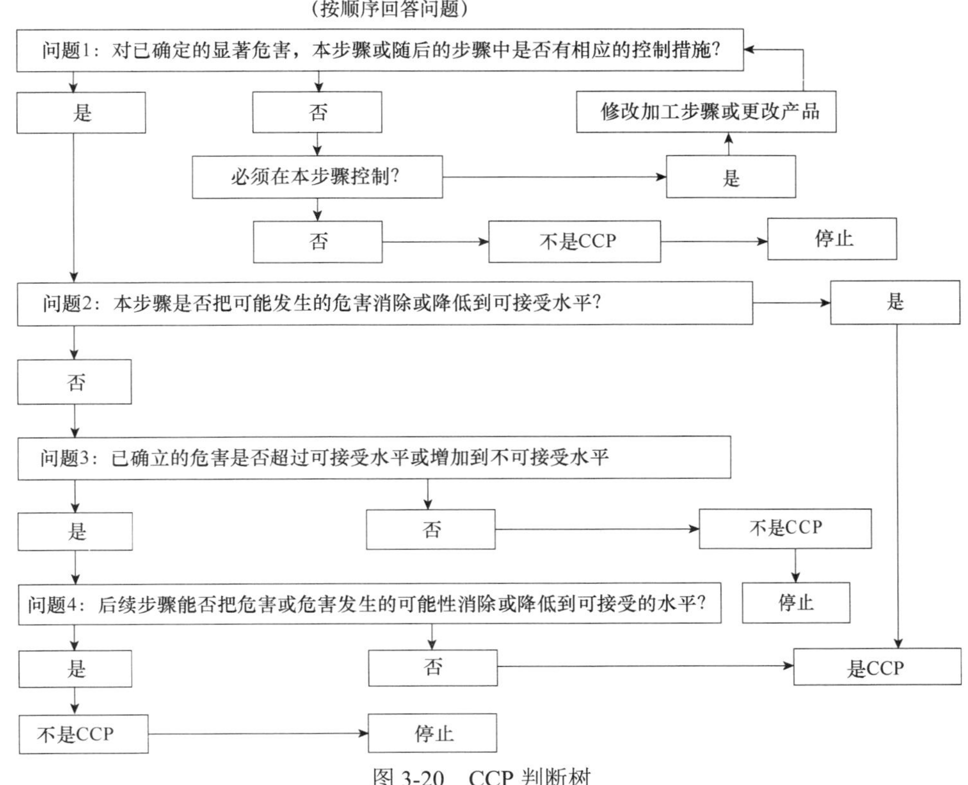

图 3-20　CCP 判断树

需要注意的是，判断树不是万能的，它只是一个辅助工具。确定关键控制点时必须从整个食品链的角度进行考虑，必须在分析所有操作过程和产品特性的相关资料和信息的基础之上来确定关键控制点。

（八）确定每个关键控制点的关键限值

1. 关键限值的定义

关键限值定义：关键限值是在 CCP 点上用来确保产品安全的参数。对于每个关键控制点上的显著危害因素，必须有一个或几个关键控制限值。偏离了关键限值时必须采取纠正措施来确保食品的安全。表 3-9 是关键限值的实例。

表 3-9　关键限值实例

危害	CCP	关键限值
细菌性病原体（生物性的）	巴氏消毒	72℃/15s（杀死牛奶中的病原体）
细菌性病原体（生物性的）	干燥	温度 93.4℃、时间 120min、鼓风速度 2r/min、厚度：13mm
细菌性病原体（生物性的）	酸化	产品重量、醋酸量、浸泡时间

2. 建立关键限值的信息来源

可以从以下途径获得关键限值，如科学刊物：杂志、食品教科书； 一般来源：书、技术规范；法规性指南：国家及地方性法规、条例、细则等；行业专家：食品科学家、专家、咨询公司等；实验研究：对比及实验。

如果用来确定关键限值的信息得不到或不充分，应当选择一个保守的值。用来确定一个关键限值的根据和参考资料要成为 HACCP 计划的支持性文件的一部分。

3. 关键限值的选择

通常存在许多种选择来控制一种特定危害，选择不同的控制方法需要建立不同的关键限值。最好的控制选择和关键限值选择要根据实际情况来决定。通过以下油炸肉饼三种关键限值选择的例子可以帮助我们正确地确立关键限值。

关键限值选择 1 – 监控致病菌	
危害因素	——肉饼中的致病菌（生物性危害）
CCP	——油炸
关键限值	——不得检出致病菌

把微生物作为一个加工过程中的关键限值一般是不可行的。因为进行微生物试验需要很长的时间，所以选择微生物作为关键限值是很难监控的。

关键限值选择 2 – 监控内部温度/时间	
危害因素	——肉饼中的致病菌（生物性危害）
CCP	——油炸
关键限值	——最低中心内部 66℃，时间 1min

在这个例子里，是把有关微生物失活的条件作为关键限值。在这种选择下，只要肉饼的内部温度达到 66℃，保持 1min，就可以杀死肉饼中的致病菌，把内部温度和时间作为关键限值，这种选择相对于对最终产品进行微生物监测更为直观。但是，对内部中心温度进行监测，在很多情况下是不实用的。

关键限值选择 3– 监控影响杀菌的因素	
危害因素	——肉饼中的致病菌（生物性危害）
CCP	——油炸
关键限值	——油温不低于 177℃
	——肉饼厚度不超过 0.6cm
	——油炸时间不少于 1min

通过研究发现只要油的温度达到 177℃以上、肉饼的厚度不超过 0.6cm 以及油炸时间不少于 1min 就可以杀死有关的致病菌。显然，第三种选择比其他两种更容易控制和监测，并且可以连续地对加工进行监控，从而确保每一个肉饼都能得到充分的控制。

4. 建立操作限值

操作限值是比关键限值更为严格的，操作人员用来减少偏离风险的操作标准。为了确保产品的安全有时候需要设定一个比关键限值更为严格的操作限值，使操作人员在超过关键限值以前采取措施。

5. 加工调整

加工调整是为使加工恢复到操作限值以内而采取的措施。当操作限值被超过后，应对加工工艺进行调整，这些措施叫加工调整。只有在超过关键限值时才须采取纠正措施。

（九）确定每个关键控制点的监控程序

1. 监控的目的

监控是一个有计划地观察和测量的过程，以监测 CCP 是否在控制之中，做出准确的记录以备在验证程序中使用。监控有以下三个目的：

（1）监控实际的运作，识别出逐步失控的趋势，在完全失控发生之前，应采取措施使其恢复在受控状态。

（2）当失控和偏离发生时，必须采取纠正措施。

（3）为 HACCP 体系中的验证程序提供书面记录和文件。

2. 监控的内涵

（1）监控对象。通常是指一个关键控制点是否在关键限值内操作的观察或测量的目标，如温度、时间、pH 等都可以作为监控的对象。监控对象也可以是对一个关键控制点的预防控制措施的观察，如检查供方的证明材料等。

（2）监控方法。监控方法通常是物理或化学的测量或观测，要求能够快速迅速和准确地提供结果，以确保监控人员能够及时地发现发生的偏离或发生偏离的趋势，在产品流入下一个环节或销售之前及时地采取纠正措施或加工调整。监控设备的选择也是一个重要的因素。用来监控的设备或器具必须准确，应定期地进行校准，设置关键限值应考虑监控设备的偏差。

（3）监控频率。监控频率可以是连续的也可以是间歇的。如杀菌过程的连续的温度记录、金属检测仪对每包产品的金属探测、冷库温度的连续检测等都属于连续监控。当不可能进行连续监控时，缩短监控的时间间隔是十分必要的。

（4）监控人员。监控人员可以是流水线上的人员、设备操作者、监督员以及质量保证人员等。监控人员必须接受有关 CCP 监控技术的培训和 HACCP 原理的培训，完全理解 CCP 监控的重要性，能及时进行监控活动，认真准确地完成监控记录，随时报告违反关键限值的情况，以便及时采取纠正措施。

（十）纠偏措施的建立

1. 纠偏措施定义

纠偏措施是针对关键控制点发生偏离时采取的措施和方法。

2. 纠偏措施的目的

当关键限值发生偏离时，应当采取预先制定好的文件性的纠偏措施计划。这些纠偏措施计划必须规定对每个可能发生的偏离所要采取的步骤以及规定人员的职责。如果没有一个已存预先制定好的文件性的纠偏措施计划，应采取以下措施：

（1）隔离、滞留或确定受影响的产品。

（2）对产品进行评估，这种评估应该由有资格的受过培训的人员来承担。

（3）确保无发生偏离的产品进入商业渠道或消费者，或这些产品进入商业渠道后，能够进行产品回收。

（4）消除产生偏离的原因。

因为所发生的偏离往往是不可预测的，所以预先设计的纠偏计划不一定能满足要求，本原理更注重于建立一个完善的纠正程序，不断总结发生的问题，持续改进。

3. 纠偏措施的确定

确定关键控制点上的纠偏措施时首先应考虑以下两个方面：

（1）更正和消除产生问题的根源，使关键控制点能重新恢复控制。

（2）隔离、评价以及确定有问题产品，并提出处理方法。

所采取的纠偏措施必须能够把关键控制点带回到控制之下，制定纠正措施计划时，应该注意加工或操作过程中随时会发生的问题，以确定一个长效的解决问题的方法，使关键控制点尽可能快地恢复控制。发生偏离时，应确定问题的起因，以防止再次发生。

如果在一个关键控制点上反复发生偏离，应该考虑调整加工或操作，重新评估HACCP计划，根据评估的结果，必要时对HACCP计划进行修改。同时要对发生偏离时受影响的产品进行评估和处理。对产品的处理和评估，一般包括以下几个方面：

（1）确定、滞留或隔离受影响的产品。

（2）转移产品流向，重新加工（如牛奶的巴氏杀菌）。

（3）对受影响产品进行安全评估。

（4）对产品进行处理。

（5）对产品的处理包括：返工，转为安全的用途，销毁产品或退回原料。

4. 纠偏措施记录

所有已采取的纠偏措施都应加以记录，这些记录将帮助加工者识别、总结所发生的问题，以便于HACCP计划的完善。另外，纠偏措施记录也为有问题产品的处理提供了证明。

（十一）建立验证审核程序

1. 验证定义

验证是除了监控所使用的方法之外，用来确定 HACCP 操作系统与 HACCP 计划是否一致，是否需要修改或重新确认所使用的方法、程序、测试或审核。

2. 验证的目的

验证的目的是证明 HACCP 计划的置信水平，证明建立在严谨、科学的原则基础之上的 HACCP 体系足以控制产品加工或操作过程中出现的危害，证明这种控制正在被贯彻执行。

3. 验证的要点

HACCP 的验证主要包括三个方面的活动：

（1）HACCP 计划的确认。确认是获取能表明 HACCP 方案诸要素之有效的证据。

确认是验证的必要内容。在 HACCP 计划实施之前必须对 HACCP 计划的各个组成部分进行首次确认，以确定只要按照已建立的 HACCP 计划要求执行，就可以确保对那些可能出现的、能够影响食品安全的危害的控制。HACCP 计划是建立在严谨、科学基础之上的，首次确认的宗旨是提供客观的依据，证明该 HACCP 是科学的、适宜的。

首次确认一般由 HACCP 小组来完成，必要时，要聘请外部资源做技术支持。

再次确认：在 HACCP 计划执行过程中，当发生一些因素变化时，需要对 HACCP 计划进行再次确认。这些变化包括但不仅限于：

① 原料来源的改变。

② 产品或加工形式的改变。

③ 验证与预期结果相反。

④ 反复出现偏差。

⑤ 获得危害或控制的新信息。

⑥ 根据现场观察到的结果，必要时。

⑦ 当分销方式和消费形势发生变化时。

（2）关键控制点的验证活动。对关键控制点进行验证是为了确定实际操作按照规定的要求执行。关键控制点上的验证包括：记录的复查，监控仪器的校准、测试，有针对性的取样和化验等活动。

① CCP 记录的复核。记录提供了书面的关于关键控制点正在安全参数范围内运作，以及发生偏离时所采取的纠偏措施，对偏离时所涉及的产品的处理的文件资料。

② CCP 现场操作观察。对操作应做视觉检查，观察 CCP 是否在受控状态。

③ CCP 监控仪器的校准。监控设备的校准是验证活动的一部分，以确保采用的测量方法的准确度。

④ CCP 有针对性的取样和化验。对关键控制点的验证也包括有针对性的取样、分析和其他一些活动。微生物的检测对日常的监控是毫无意义的，但它可以被作为一种验

证工具。通过微生物测试可以确定实际操作控制的有效性。

（3）HACCP 体系的审核。审核是验证的一个重要部分，是系统的评价。这些评价包括现场观察和记录检查。HACCP 审核是 HACCP 的七个原理得到有效应用、HACCP 的前提条件是充分的以及 HACCP 计划被正确地实施和保持的证据。

HACCP 体系的验证包括内审（企业或组织自身的审核或称为第一方审核）和外审（客户的审核或称第二方审核，认证审核或官方审核或称第三方审核）。

（十二）建立文件和记录保持程序

1. HACCP 体系文件的建立

HACCP 体系文件的建立应作为文件的一部分来保持。HACCP 计划中应详细阐述每种或每类产品的危害，明确确定的关键控制点，制定对应每一个关键控制点的关键限值，以及制定 HACCP 体系文件的相应支持性文件。

2. 记录的保持

在执行 HACCP 计划当中产生的记录，必须予以保持。对与 HACCP 体系中各过程相关记录的保持，在某种程度上说是 HACCP 体系有效运行的根本保证。要求有规律地对在 CCP 上发生的情况做记录，可以确保在系统的方式下，保持着预防性的监控。在对 CCP 实行监控时或在其他时候发现的不正常现象，应立即采取纠正措施，并记录下所采取的措施。

3. HACCP 体系文件的内容

以下是可以包括在 HACCP 体系文件中的内容：

（1）HACCP 小组的成员及各自的职责。

（2）产品描述和预期用途。

（3）加工流程图。

（4）危害分析和预防措施。

（5）关键限值。

（6）监控程序。

（7）纠正措施程序。

（8）验证程序。

（9）记录保持程序等。

4. HACCP 体系运行时记录的内容

（1）原料。

① 供应商提供的，可以证明其符合企业规定的证明文件。

② 对供应商的评估。

③ 对温度敏感的物质的贮藏温度的记录。

④ 有保质期的物质的贮藏时间的记录等。

（2）加工和操作过程。

① 监控所有 CCP 的记录。

② 偏离时所采取的纠正措施记录。

③ 证明食品的加工过程是持续的、充分的验证记录等。

（3）包装。

① 包装材料验收、检查记录。

② 封口是否符合规定的记录等。

（4）成品。

① 为了确保成品的安全，在产品出厂前，对产品进行确认，以获得充足的数据和记录。

② 如果产品的保存时间对产品的安全有影响，建立关于食品保质期的记录。

（5）贮藏和销售。

① 温度记录。

② 超过保质期的产品的记录。

（6）HACCP 体系的验证。

① 如对原料、配方、设备、包装和销售等变化时的再确认记录。

② 内审记录。

③ 外审记录等。

（7）雇员的培训。记录应包括，在 HACCP 计划中担当职责的员工所识别出的危害、所制定的控制方法和操作程序。

（8）其他记录。其他与体系有关的记录，如卫生控制记录等。

四、HACCP 在胡萝卜汁饮料生产中的应用

（一）胡萝卜汁饮料产品描述说明

1. 产品名称：胡萝卜汁饮料

使用原料及加工中的添加物：产品只使用新鲜、无农残、无病虫害及符合该品种品质特性的加工原料。加工中使用的加工助剂有次氯酸钠消毒剂，使用的食品辅料、添加剂有：精制白砂糖，食用柠檬酸、食用羧甲基纤维钠、食用黄原胶、食用抗坏血酸等。食品添加剂用量符合 GB 2760—2014《食品添加剂使用标准》的限量要求。胡萝卜汁饮料产品为酸性饮料，$pH<4.0$。饮料生产用水采用符合 GB 5749—2006《生活饮用水标准》的自来水。

2. 包装方式

PET 瓶装，外用纸箱包装或按客户要求。

3. 贮存销售条件

常温下贮存、分销。但产品适宜的贮存条件为温度≤25℃。

4. 预期用途和消费者

供普通消费者直接饮用。

（二）胡萝卜汁饮料生产工艺流程及工艺描述

胡萝卜汁饮料生产工艺流程如下所述：

原料接收→灌装瓶、盖接收→挑选、修整、清洗→漂烫、破碎→细磨→浆渣分离→加热配料→过滤→细磨均质→超高温瞬时灭菌→热灌装→冷却→保温，待检→包装→入库贮藏。

胡萝卜汁饮料生产工艺描述如表 3-10 所示。

表 3-10　胡萝卜汁饮料生产工艺描述

加工工序	工器具	描述内容
1. 原料接收	箩筐、磅秤	对进厂的原料检查供方施药声明，拒收腐烂、病虫害、品种不符、受到石油产品污染的原料。进行规格、感官、异味、农残检验，合格的原料进入车间进行加工
2. 灌装瓶、盖接收	手推平板车	对进厂的灌装瓶、盖检查供方产品合格证，进行规格、外观、瓶盖密封性、耐热性及外包装箱完整性的检验
3. 挑选、修整、清洗	箩筐、小刀、不锈钢槽	选用品种对路，成熟度适宜、肉质根茎新鲜，色泽鲜艳，无青色头的原料。选出有虫害、霉烂、变质的不良品，将烂果率控制在 1%以下。要求挑选台面上胡萝卜呈单层摆放，每平方米台面挑选的员工不少于两人。原料修整时用人工切去头尾，剔除根须，并逐个彻底削挖去除存在的病斑，腐烂、虫眼、褐斑等组织缺陷。再用流动水进行清洗
4. 漂烫、破碎	热烫槽 破碎机	用 60℃以上热水漂烫 7min 左右，然后用破碎机加适量水进行破碎
5. 细磨	胶体磨	把破碎好的胡萝卜碎粒调加少量水过胶体磨进行细磨
6. 浆渣分离	浆渣分离机	把渣浆经浆渣分离机进行汁液分离，并去除粗汁中的悬浮物
7. 加热配料	夹层锅	按产品配方依次在夹层锅中加入软化水，胡萝卜原汁、糖、食品添加剂等配料，控制温度在 70℃左右溶解
8. 过滤	过滤机	过滤除去细小的果肉残渣和杂质
9. 细磨均质	胶体磨 均质机	过胶体磨、均质机细磨或均质
10. 超高温瞬时灭菌	超高温瞬时灭菌机	控制超高温瞬时灭菌温度为 132～135℃，控制冷却使出料温度在 85℃左右
11. 热灌装	热灌装机	灌装温度≥80℃，检查拧盖的松紧度和灌装质量，把不合格品挑出，未拧紧的重新拧紧
12. 冷却	喷淋机	喷淋使瓶温降到≤40℃

续表

加工工序	工器具	描述内容
13．保温/待检	周转箱	上道工序出产的产品由化验室按规定抽检进行“商业无菌检验”，产品先行放入贮藏间等待化验检测结果。有条件时所有产品应可在20℃以上的保温库内保温存放7～10d。产品检验合格方可送下道进行包装
14．包装	标签收缩装置	检验剔除胀瓶变质或存在缺陷的产品，将无质量问题的产品套标收缩用纸箱包装入库
15．入库贮藏	手推平板车	按其规格、批次入库存放在垫板上，常温贮藏

（三）胡萝卜汁饮料危害分析工作单（表3-11）

表3-11　胡萝卜汁饮料危害分析工作单

加工步骤工序	确定本步骤中引入受控的或增加的潜在危害	潜在的食品安全危害是否显著（是/否）	对第3列的判断提出依据	应用什么预防措施来防止显著危害	这步是关键控制点吗（是/否）
原料接收	生物的：病原菌、寄生虫污染	是	种植贮存中可能受到病原菌、寄生虫的污染	漂烫、超高温瞬时杀菌可防止危害	否
	化学的：农药、重金属残留、霉菌毒素	是	种植过程中使用过量的或禁用的农药；土壤、灌溉水中重金属超标；原料果霉烂	重金属残留普查，查验供方施药声明；采用快速法检验原料的农药残留量；挑选去除烂果，修整时逐个剔除霉烂、病斑	是
	物理的：金属及玻璃碎片	是	原料中可能夹带、污染金属及玻璃	过滤可除去	否
灌装用瓶、盖接收	生物的：病原菌污染	是	灌装瓶、盖生产、包装、运输过程控制不当会产生	查灌装瓶、盖的合格证明及外包装箱的完整性	是
	化学的：无		—	—	
	物理的：无		—	—	
挑选修整清洗	生物的：病原菌污染和繁殖	是	停留时间过长，原有病原菌可能增殖及人员、环境可能污染	漂烫、超高温瞬时杀菌可杀灭	否
	化学的：霉菌毒素	是	霉烂原料挑选不干净；霉烂组织部位剔除、修整不干净	挑选时已将烂果率控制在1%以下。修整时再通过逐个剔除霉烂、病斑组织，因此产生霉菌毒素化学危害可能性很小	否
	物理的：金属碎片	是	修整刀具可能碎裂	过滤清除	否
漂烫破碎	生物的：病原菌残留	是	漂烫时间、温度控制不够，病原菌会存活	超高温瞬时杀菌可防止	否
	化学的：无		—	—	
	物理的：金属碎片	是	金属破碎机具可能碎裂	过滤清除	否
细磨	生物的：病原菌污染	是	人员、水、机具可能污染	超高温瞬时杀菌可防止	否
	化学的：无		—	—	—
细磨	物理的：无		—	—	—

续表

加工步骤工序	确定本步骤中引入受控的或增加的潜在危害	潜在的食品安全危害是否显著（是/否）	对第3列的判断提出依据	应用什么预防措施来防止显著危害	这步是关键控制点吗（是/否）
浆渣分离	生物的：病原菌污染	是	人员、水、机具可能污染	超高温瞬时杀菌可防止	否
	化学的：无		—	—	
	物理的：金属碎片	是	设备可能产生金属碎片	过滤清除	否
加热配料	生物的：病原菌污染	是	人员、水可能污染	超高温瞬时杀菌可防止	否
	化学的：化学添加剂危害	是	违规、超标使用添加剂可能会产生化学危害	按 GB 2760—2014 标准和 SSOP 的要求进行控制	否
	物理的：无		—	—	
过滤	生物的：病原菌污染	是	设备污染	超高温瞬时杀菌可防止	否
	化学的：无	—	—	—	—
	物理的：无	—	—	—	—
细磨均质	生物的：病原菌污染	是	机具污染	超高温瞬时杀菌可防止	否
	化学的：无	—	—	—	—
	物理的：无	—	—	—	—
超高温瞬时灭菌	生物的：病原菌残留	否	病原菌在酸性和超高温条件下难以存活	—	—
	化学的：无	—	—	—	—
	物理的：无	—	—	—	—
热灌装	生物的：病原菌污染	是	灌装瓶、灌装设备污染	控制热灌装温度≥80℃可大大降低危害发生的可能性	是
	化学的：无	—	—	—	—
	物理的：无	—	—	—	—
冷却	生物的：病原菌污染	是	冷却设备、水污染可能会产生	通过 SSOP 控制	否
	化学的：无	—	—	—	—
	物理的：无	—	—	—	—
保温	生物的：无	—	—	—	—
	化学的：无	—	—	—	—
	物理的：无	—	—	—	—
检验包装	生物的：无	—	—	—	—
	化学的：无	—	—	—	—
	物理的：无	—	—	—	—
入库贮藏	生物的：无	—	—	—	—
	化学的：无	—	—	—	—
	物理的：无	—	—	—	—

（四）胡萝卜汁饮料 HACCP 计划表

胡萝卜汁饮料 HACCP 计划表见表 3-12。

表 3-12　胡萝卜汁饮料 HACCP 计划表

ABC 食品厂 程序文件	文件编号：QP-HACCP-09
文件名称：胡萝卜汁饮料 HACCP 计划表	版次 1：　修订次：*1*
实施日期：2014.04.26	章节：0.5　页次：1/1
企业名称：ABC 食品厂　地址： 编制人（签章）：　审核人（签章）： 批准人（签章）：　批准日期：	产品描述：使用新鲜无农残及符合该品种品质特性的原料，采用 PET 瓶装。 储存和销售方法：常温下分销 预期用途和消费者：普通消费者饮用

（1）CCP 关键控制点	（2）显著危害	（3）每个预防措施的关键限值	（4）监控	（5）监控	（6）监控	（7）监控	（8）纠偏行动	（9）记录	（10）验证
			什么	方法	频率	人员			
原料接收灌装瓶、盖接收（CCP 1）	农药残留、病原菌污染	检查供方施药声明；用农药残留快速测试仪检验酶抑制率＜40%；查验瓶、盖的合格证，外包装完整性	农药残留、病原菌污染	1. 检查供方施药声明 2. 对原料收购抽样检查农药残留 3. 查验瓶盖合格证，外包装完整性	每批	原料验收员，品管员，化验员	拒收	农药残留检测报告 包装材料抽检记录表 纠偏行动报告记录表	每天审核原料农药残留检测报告 每批审核包装材料检验记录 每天审核纠偏行动报告记录表 产品定期进行重金属含量普查和农药残留量抽查 每年对供方进行评估
热灌装（CCP 3）	病原菌污染	热灌装温度≥80℃	饮料灌装温度	观察灌装温度仪显示温度	每 5min 观察一次，每 30min 记录一次	灌装、操作人员	当灌装温度＜80℃时，将可疑的未灌装饮料回流重新杀菌；调整使灌装温度≥80℃；对可疑的已灌装产品进行隔离处置	果蔬汁饮料产品 CCP3 监控记录表 纠偏行动报告记录表	主管每天审核监控记录表 每天审核纠偏行动报告记录表 灌装温度仪每年计量检定一次

工作任务

HACCP 审核案例分析及速冻菠菜危害分析

【任务目标】请参照相关资料判断以下三个案例是否符合 HACCP 体系要求，若不符合，请指出不合格之处在哪里，写出改进建议及审核体会。参照相关资料及速冻菠菜加工流程图（图 3-21）对速冻菠菜进行危害分析。

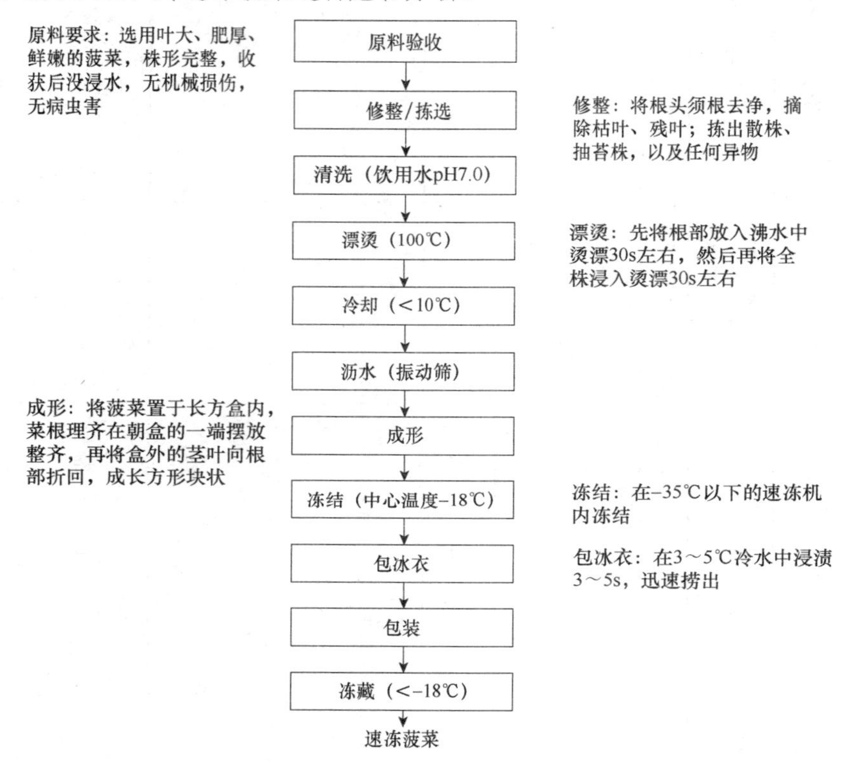

图 3-21　速冻菠菜加工流程图

案例一：

A 企业是一个糖果制造厂，于 2000 年建立并实施了 ISO 9000 体系，目前企业又策划了 HACCP 体系并申请认证。审核员在第一阶段的现场审核中，发现现场生产过程中需要添加色素等化合物，根据资料：人工合成的色素使用不当会给人体造成健康危害，审核员考虑到后道加工无法控制这些化学残留物质以及我国有关食品添加剂卫生标准等法规要求，判定配料司称工序为关键控制点，查工厂 HACCP 计划，没有对此过程识别为关键控制点，工厂的 HACCP 小组解释是：我们在 ISO 9000 体系中已经作为关键工序了，所以没有作为关键控制点。审核员参考了企业的 ISO 9000 体系程序文件，发现对该工序的要求是检验物料品种使用的正确性和称量的准确性。

案例二：

B 企业是一家蔬菜加工企业，在申请 HACCP 体系认证中有一种产品为冻干青花菜，审核员从工厂的HACCP计划中得知该产品的生物危害确定为显著危害，那么控制这种危害的关键点或者关键工序应是哪一个呢？首先看一下冻干青花菜的工艺流程：物料冻结→捕水器制冷→向干燥箱投料→抽真空→电加热→出料→真空包装→金属探测→装箱→贮存。工厂的冻干青花菜HACCP计划是将电加热作为关键控制点，将温度70°C、时间2min作为控制微生物危害的关键限值，审核员要求工厂HACCP小组提供证据表明该点温度和时间能将生物危害消除或降低到可接受水平，HACCP小组不能提供。审核员通过查阅相关书籍发现，这样的温度和时间范围设定，主要是进一步干燥产品并考虑使已经干燥的产品不会因为过热而变性，目的并非是为了杀菌。

案例三：

C企业是一家甜炼乳生产厂家，所用设备自原料投入起，至无菌灌装封口工序止，均采用管道原位清洗（CIP）的方式进行清洗消毒。审核员查工厂甜炼乳HACCP计划，发现没有将CIP作为关键控制点列入该HACCP计划，工厂HACCP小组的人员说：我们培训HACCP知识时，老师说过CCP点太多反而失去重点，审核员认为，如果是不必要的点被确定为关键控制点的确会导致HACCP计划失去重点，那么CIP点是否就是不必要考虑的呢？审核员根据现场查看、有关人员交流以及所得到的资料依据，考虑到CIP过程既可能有不适当的清洗造成设备、管道中的细菌残留，也可能有不适当的清洗造成设备、管道中的清洗剂（强酸、强碱）残留，这些生物性危害和化学性危害只有在该清洗过程才能控制，而以后的工序或步骤是无法控制的，因此审核员对此提出了异议。工厂的HACCP小组解释说：这些清洗我们都由电脑程序设定的，都有措施的，但审核员查看现场，发现程序设定中，清洗时间是手工操作的，查最近的CIP记录，发现不仅酸洗、碱洗的时间要少于程序的规定，而且发现有设备漏气、漏水、酸缸回液坏掉的记录，却没有证据表明采取了相关的措施。

【要求】不合格陈述要求准确、全面、合理；改进建议要求正确、符合实际，有可实施性。审核体会要求讨论审核关键控制点的方法及需要注意的地方。危害分析具体表格参考教材，要求分析全面、合理，关键控制点确定准确，控制措施合理有效。

【说明】

（1）在仔细阅读工作任务要求后，回答引导问题。如果有需要可运用媒体工具作为辅助措施。这些伴随的提问涉及了对于这个工作任务重要的知识领域。

（2）按照工作流程对案例进行分析，描述审核不合格的地方、分析原因、提出改进建议并书写审核体会。进行危害分析，填写危害分析表格。

（3）与指导老师讨论引导问题及任务。

（4）修改审核不合格原因的描述、原因分析、改进建议及审核体会，修改危害分析表格并完成。

【引导问题】

（1）你是否知道HACCP的内涵？

（2）你是否掌握HACCP与GMP、SSOP及ISO 9000管理体系之间的关系？

（3）你是否理解HACCP的基本原理？

（4）你是否掌握制定与实施HACCP计划的基本步骤及每一步的具体方法？

（5）你是否知道如何发现案例中不合格的地方并准确地描述？
（6）你是否知道在案例中从哪些方面进行改进？
（7）你是否知道如何进行危害分析？
以上问题如果回答不是，请认真查阅本书及参考资料。

一、工作流程

本书及参考资料的认知→引导问题的回答→分析案例中不合格之处→原因分析及提出改进建议→总结审核体会→速冻菠菜危害分析→与指导教师讨论→修改草稿→任务完成→检查评估。

二、参考资料

可参阅本书。

三、检查评估

工作任务完成后填写工作任务检查评估表（表3-13）。

表 3-13　工作任务检查评估表

班级 ＿＿＿＿　姓名 ＿＿＿＿　学号 ＿＿＿＿　小组 ＿＿＿＿　时间 ＿＿＿＿

	能力	内容	评分			
			自评（30%）	互评（30%）	教师评价（40%）	合计
能力评测	专业能力	能掌握 HACCP 的基本概念、原理（10 分）				
		能熟悉 HACCP 计划的实施步骤（10 分）				
		能掌握危害分析的基本步骤及关键控制点的确定方法（20 分）				
		能完成具体案例的审核工作、能初步进行危害分析（20 分）				
	通用能力	团结协作（10 分）				
		学习能力（10 分）				
		分析能力（10 分）				
		口头表达能力（10 分）				
	小计					

目标检测

一、填空题

（1）HACCP 起源于＿＿＿＿年代＿＿＿＿国家，正式实施时间为＿＿＿＿。HACCP 代表＿＿＿＿　HA 代表＿＿＿＿CCP 代表＿＿＿＿。

（2）HACCP 是一种______________体系，其重点控制的是__________危害，主要通过控制 _________过程来控制危害。

（3）食品中存在的危害种类为 ___________、__________、__________。寄生虫属于________危害，贝类毒素属于_________危害，组胺属于______危害，黄曲霉毒素属于_________危害。

（4）判断显著危害的两个标准是_________ 和___________。

（5）制定 HACCP 计划的预先步骤有________、_______、________、_______、________。

二、判断题

（1）在 HACCP 计划实施之前要进行确认和验证。 （ ）

（2）一个 CCP 点只能控制一种危害。 （ ）

（3）当偏离关键限值和操作限值时均应采取纠偏措施。 （ ）

（4）每种产品的 HACCP 计划中都肯定有 CCP 点。 （ ）

（5）工厂实施了 HACCP 体系就完全可以避免风险。 （ ）

（6）在控制危害方面，HACCP 计划比 SSOP 更重要。 （ ）

三、单项选择题

（1）（ ）是指导致损害的发生概率及损害的严重程度。

A．损害 B．风险 C．危害 D．危险

（2）（ ）是 HACCP 系统最重要的一环。

A．建立监控程序 B．建立关键限值 C．进行危害分析 D．建立纠偏措施

（3）关键控制点可以用（ ）来确定。

A．判断树 B．控制措施对确定危害的严格程度

C．行业专家的意见

D．判断树、控制措施对确定危害的严格程度、行业专家的意见

（4）以下说法正确的是（ ）。

A．在某些产品加工中可能识别不出关键控制点

B．任何产品加工中都一定会存在关键控制点

C．同一危害由一个关键控制点实施控制

D．一个关键控制点只能控制一个危害

（5）第一个成功的 HACCP 体系是在（ ）生产中应用的。

A．酸性及低酸性罐头 B．饮料及乳制品

C．发酵食品 D．油炸食品

（6）HACCP 计划中的显著性危害的特点体现在（ ）。

A．危害发生的可能性、危害的严重性

B．危害的特殊性、GMP/SSOP 无法控制

C．危害的严重性、危害发生的可能性、危害的不变性

D．以上都是

单元六　食品安全管理体系

学习目标

（1）了解食品安全管理体系的起源、实施意义。
（2）掌握 GB/T22000—2016 的基本术语、应用范围、核心内容以及实施的步骤。
（3）能协助食品企业建立食品安全管理体系。

理论知识

一、概述

（一）ISO 22000 食品安全管理体系的产生背景

进入 21 世纪，世界范围内消费者都要求安全和健康的食品，食品加工企业因此必须贯彻食品安全管理体系，以确保生产和销售安全食品。为了帮助这些食品加工企业满足市场的需求，同时，也为了证实这些企业已经建立和实施了食品安全管理体系，从而有能力提供安全食品，开发一个可用于审核的标准成为了一种强烈需求。另外，由于贸易的国际化和全球化，基于 HACCP 原理，开发一个国际标准也成为各国食品行业的强烈需求。顾客的期望、社会的责任，使食品生产、操作和供应的组织逐渐认识到，应当有标准来指导操作、保障、评价食品安全管理，这种对标准的呼唤，促使 ISO 22000：2005 食品安全管理体系要求标准的产生。

ISO 22000:2005 标准《食品安全管理体系：对食物链中任何组织的要求》是由国际标准化组织 ISO 下设的第 34 技术委员会 ISO/TC34 的第 8 工作组 WG8 于 2005 年 9 月 1 日正式发布的。ISO22000 覆盖了食品法典委员会 CAC 关于 HACCP 体系的全部要求，并更关注对体系有效性的验证，以保证体系的不断改进。该标准的颁布将取代目前各国存在的大多数食品安全管理标准，该标准也将使目前存在过多的食品安全管理体系认证统一到一个标准之下。

ISO 22000 系列标准是自愿执行的国际标准，它的出台提供了一个关于 HACCP 概念的国际交流平台，其目的是让食品链中的各类组织执行食品安全管理体系，以确保各环节的组织将其终产品交付至下一阶段作为原料时，已通过控制管理将其中确定的食品安全危害消除或降低到可接受水平。

2006 年 3 月 1 日，我国等同转换国际版标准 GB/T 22000—2006《食品安全管理体系 食品链中各类组织的要求》（ISO22000:2005，IDT）正式发布，2006 年 7 月 1 日正式实施。ISO22000 认证标志如图 3-22 所示。

GB/T 22000—2006 标准既是描述食品安全管理体系要求的使用指导标准，又是可供食品生产、操作和供应的组织认证和注册的依据。

图 3-22　ISO 22000 认证标志

GB/T 22000—2006 表达了食品安全管理中的共性要求，而不是针对食品链中任何一类组织的特定要求。该标准适用于在食品链中所有希望建立保证食品安全体系的组织，无论其规模、类型和其所提供的产品。它适用于农产品生产厂商，动物饲料生产厂商，食品生产厂商，批发商和零售商。它也适用于与食品有关的设备供应厂商，物流供应商，包装材料供应厂商，农业化学品和食品添加剂供应厂商，涉及食品的服务供应商和餐厅。

GB/T 22000—2006 采用了 GB/T19000 标准体系结构，将 HACCP 原理作为方法应用于整个体系；明确了危害分析作为安全食品实现策划的核心，并将食品法典委员会（CAC）所制定的预备步骤中的产品特性、预期用途、流程图、加工步骤和控制措施和沟通作为危害分析及其更新的输入；同时将 HACCP 计划及其前提条件（前提方案动态）均衡地结合。本标准可以与其他管理标准相整合，如质量管理体系标准和环境管理体系标准等。

（二）实施食品安全管理体系标准的意义

（1）可以与贸易伙伴进行有组织的、有针对性的沟通。

（2）在组织内部及食品链中实现资源利用最优化。

（3）改善文献资源管理。

（4）加强计划性，减少过程后的检验。

（5）更加有效和动态地进行食品安全风险控制。

（6）所有的控制措施都将进行风险分析。

（7）对必备方案进行系统化管理。

（8）由于关注最终结果，该标准适用范围广泛。

（9）可以作为决策的有效依据。

（10）充分提高员工工作的勤奋度。

（11）聚焦于对必要的问题的控制。

（12）通过减少冗余的系统审计而节约资源。

（三）食品安全管理体系系列标准

下列标准是我国食品安全管理体系系列标准：

GB/T 22000—2006《食品安全管理体系　食品链中各类组织的要求》（ISO22000: 2005，IDT）

GB/T 22004—2007《食品安全管理体系 GB/T 22000—2006 的应用指南》（ISO/TS 22004: 2005，IDT）

GB/T 22003—2017《合格评定 食品安全管理体系 审核与认证机构要求》（ISO/TS

22003: 2013，IDT）

（四）食品安全管理体系与 HACCP 及质量管理体系之间的关系

1. GB/T22000 与 HACCP 的关系

HACCP 原理在生产管理实践中存在一些不足和缺陷，即强调在管理中进行事前危害分析，引入数据和对关键过程进行监控的同时，忽视了它应置身于一个完善的、系统的和严密的管理体系中才能更好地发挥作用。

以 HACCP 原理为基础而制定的 GB/T22000 食品安全管理体系标准正是为了弥补以上的不足，在广泛吸收了 GB/T19001 质量管理体系的基本原则和过程方法的基础上而产生的，它是对 HACCP 原理的丰富和完善，进一步确定了 HACCP 在食品安全体系中的地位。所以 GB/T22000 是 HACCP 原理在食品安全管理问题上由原理向体系标准的升级，在某种意义上就是一个国际 HACCP 体系标准，它将更有利于企业在食品安全上进行管理。GB/T22000 不同于 HACCP，其特点如下：

（1）突出了体系管理的理念，标准的适用范围更广。GB/T22000 标准与 HACCP 相比，突出了体系管理理念，将组织、资源、过程和程序融合到体系之中，使体系结构与 GB/T19001 标准结构完全一致，强调标准既可单独使用，也可以和 GB/T19001 质量管理体系标准整合使用，充分考虑了两者兼容。GB/T22000 标准适用范围为食品链中所有类型的组织，比原有的 HACCP 体系范围要广。

（2）强调了沟通的作用。沟通是食品安全管理体系的重要原则。顾客要求、食品监督管理机构要求、法律法规要求以及一些新的危害产生的信息，须通过外部沟通获得，以获得充分的食品安全相关信息。通过内部沟通也可以获得体系是否需要更新和改进的信息。

（3）体现了对遵守食品法律法规的要求。GB/T22000 标准不仅在引言中指出“本标准要求组织通过食品安全管理体系以满足与食品安全相关的法律法规要求”，而且标准的多个条款都要求与食品法律法规相结合，充分体现了遵守法律法规是建立食品安全管理体系前提之一。

（4）提出了前提方案。提出了前提方案、操作性前提方案和 HACCP 计划的重要性。“前提方案”是整个食品供应链中为保持卫生环境所必需的基本条件和活动，它等同于食品企业良好操作规范。操作性前提方案是为减少食品安全危害，在产品或产品加工环境中引入污染或扩散的可能性，通过危害分析确定的基本前提方案。HACCP 也是通过危害分析确定的，只不过它是运用关键控制点通过关键限值来控制危害的控制措施。两者区别在于控制方式、方法或控制的侧重点不同，但目的都是为防止、消除食品安全危害或将食品安全危害降低到可接受水平的行动或活动。

（5）强调了“确认”和“验证”的重要性。“确认”是获取证据以证实由 HACCP 计划和操作性前提方案安排的控制措施有效。GB/T22000 标准在多处明示和隐含了“确认”要求或理念。“验证”是通过提供客观证据对规定要求已得到满足的认定。目的是证实体系和控制措施的有效性。GB/T22000 标准要求对前提方案、操作性前提方案、HACCP

计划及控制措施组合、潜在不安全产品处置、应急准备和响应、撤回等都要进行验证。

（6）增加了“应急准备和响应”规定。GB/T22000 标准要求最高管理者应关注有关影响食品安全的潜在紧急情况和事故，要求组织应识别潜在事故（件）和紧急情况，组织应策划应急准备和响应措施，并保证实施这些措施所需要的资源和程序。

（7）建立可追溯性系统和对不安全产品实施撤回机制。GB/T22000 标准提出了对不安全产品采取撤回要求，充分体现了现代食品安全的管理理念。要求组织建立从原料供方到直接分销商的可追溯性系统，确保交付后的不安全终产品，利用可追溯性系统，能够及时、完全地撤回，尽可能降低和消除不安全产品对消费者的伤害。

2. GB/T22000 与 GB/T19001 的关系

GB/T22000 食品安全管理体系标准以 GB/T19001 质量管理体系的基本原则和过程方法为基础，按质量管理体系要求的标准框架，提供了食品安全管理体系的框架，从而保证 GB/T22000 具有与 GB/T19001 一致的结构，以有助于企业建立整合的管理体系。GB/T22000 并不是 HACCP 七项管理原则与 GB/T19001 要求的简单组合，而是一种风险管理工具，能使实施者合理地识别将要发生的危害，并制定一套全面有效的计划，来防止和控制危害的发生。

GB/T22000 是建立在 HACCP、GMP、SSOP 基础上，同时整合了 GB/T19001 标准的部分要求，因此其完全包括了 HACCP、GMP、SSOP 的要求（即其满足 HACCP 认证的要求），但其未完全包括 GB/T19001 标准的要求，所以依 GB/T22000 建立起体系的组织不能宣称其管理体系满足 GB/T19001 标准的要求（即其不满足 GB/T19001 认证的要求）。

二、GB/T 22000—2006《食品安全管理体系　食品链中各类组织的要求》标准理解与实施

（一）引言

1. 食品链中的各类组织

GB/T 22000—2006 标准涉及的食品行业范围比原 HACCP 计划更广，它包括：作为人类食物的动物饲料生产者、初加工食品生产者，以及食品生产制造者、运输和仓贮经营者，直至批发零售分包商、餐饮服务与经营者（包括与其密切相关的组织，如设备、包装材料、清洁剂、添加剂和辅料的生产者）；也包括相关服务提供者。可以说 GB/T 22000—2006 标准适合所有食品加工企业的共性要求，并进一步确定了 HACCP 在食品安全管理体系中的作用。

2. 食品安全管理体系的要求

该体系结合了下列普遍认同的关键要素。

1）相互沟通

相互沟通是为了确保食品链每个环节中所有相关的食品危害均得到识别和充分控制，这意味着有三个层次的沟通，即外部沟通，指组织与消费者和立法监管部门的沟通；

食品链上的沟通，即组织与食品链中的上游和下游的组织之间均需要进行沟通，尤其是对于已确定的危害和采取的控制措施，应与客户和供方进行沟通，这将有助于明确客户和供方的要求，最后是组织内部各环节之间的沟通。

2）体系管理

最有效的食品安全体系在已构建的管理体系框架内建立、运行和更新。并将其纳入组织的整体管理活动中；这将为组织和相关方带来最大利益。GB/T 22000—2006 可以独立于其他管理体系标准单独使用，其实施可结合或整合组织已有的相关管理体系要求，同时组织也可利用现有的管理体系建立一个符合本准则要求的食品安全管理体系。GB/T 22000—2006 整合了 CAC 制定的危害分析和关键控制点的实施步骤；根据 GB/T 22000—2006 中可审核的要求，将 HACCP 计划与前提方案结合。进行危害分析将有助于整合建立控制措施有效组合所需的知识。所以，它是有效的食品安全管理体系的关键。

3）前提方案

前提方案的定义见术语。本标准整合了食品法典委员会（CAC）制定的危害分析和关键控制点（HACCP）体系和实施步骤；基于审核的需要，本标准将 HACCP 计划与前提方案（PRPs）相结合。

4）HACCP 原理

由于危害分析有助于建立有效的控制措施组合，所以它是建立有效的食品安全管理体系的关键。本标准要求对食品链内合理预期发生的所有危害，包括与各种过程和所用设施有关的危害，进行识别和评估，因此，对于已确定的危害是否需要组织控制，本标准提供了判断并形成文件的方法。在危害分析过程中，组织应通过组合前提方案、操作性前提方案（OPRP）和 HACCP 计划，选择和确定危害控制的方法，

（二）适用范围与引用文件

本标准明确组织应能够符合以下要求：

（1）策划、设计、实施、运行、保持和更新旨在提供终产品的食品安全管理体系，确保这些产品按预期用途食用时，对消费者是安全的。

（2）证实其符合与食品安全有关的适用和规定的要求。

（3）评价和评估顾客要求，并证实其符合双方协定且与食品安全有关的顾客要求，以此提高顾客的满意度。

（4）与供应商、顾客及食品链中其他相关方就食品安全问题进行有效沟通。

（5）确保符合其声明的食品安全方针。

（6）证实符合其他相关方的要求。

（7）寻求由外部组织进行的认证或注册，也可以自我评价或声明与本标准的符合程度。

GB/T 22000 标准的所有要求都是通用的，旨在适用于所有在食品链中期望设计和实施有效的食品安全管理体系的组织，无论该组织类型、规模和所提供的产品如何。这包括直接或间接介入食品链中一个或多个环节的组织。直接介入的组织应包括但不限于饲料加工者、农作物种植者、辅料生产者、食品生产者、零售商、食品服务商、配餐服务，提供清洁、运输、贮存和分销服务的组织，间接介入食品链的组织应包括但不限于设备、

清洁剂、包装材料以及其他食品接触材料的供应商。

本标准允许组织，如小型和（或）欠发达的组织（小型农场、小型包装分销商、小型零售商及食品服务商）实施外部制定的控制措施。

（三）术语和定义

1．食品安全（food safety）

食品安全是指食品在按照预期用途进行制备和（或）食用时不会伤害消费者的概念。

2．食品链（food chain）

食品链是指从初级生产直至消费的各环节和操作的顺序，涉及食品及其辅料的生产、加工、分销、贮存和处理（图 3-23）。

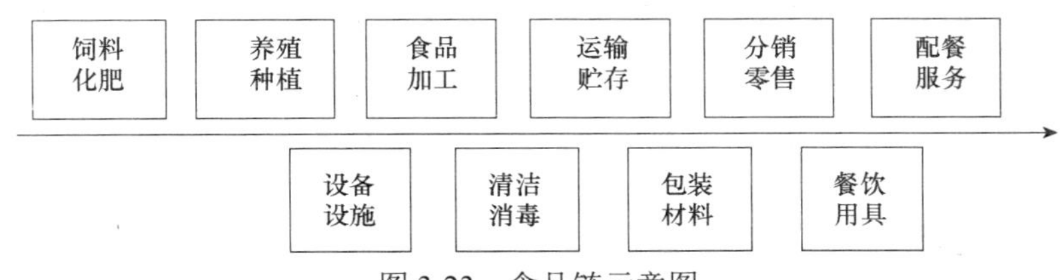

图 3-23　食品链示意图

3．食品安全危害（food safety hazard）

食品安全危害是指食品中所含有的对健康有潜在不良影响的生物、化学或物理因素或食品的存在状况。

4．食品安全方针（food safety policy）

食品安全方针是指由组织的最高管理者正式发布的该组织总的食品安全宗旨和方向。

5．终产品（end product）

终产品是指组织不再进一步加工或转化的产品。

6．流程图（flow diagram）

流程图是指依据各步骤之间的顺序及相互作用以图解的方式进行系统性表达。

7．控制措施（control measure）

控制措施是指能够用于防止或消除食品安全危害或将其降低到可接受水平的行动或活动。

8．前提方案（prerequisite program，PRP）

前提方案是指在整个食品链中为保持卫生环境所必需的基本条件和活动，以适合生产、处置和提供安全终产品和人类消费的安全食品。

前提方案决定于组织在食品链中的位置及类型，例如良好农业规范（GAP）、良好兽医规范（GVP）、良好操作规范（GMP）、良好卫生规范（GHP）、良好生产规范（GPP）、良好分销规范（GDP）、良好贸易规范（GTP），食品链中不同位置组织的前提方案如图 3-24 所示。

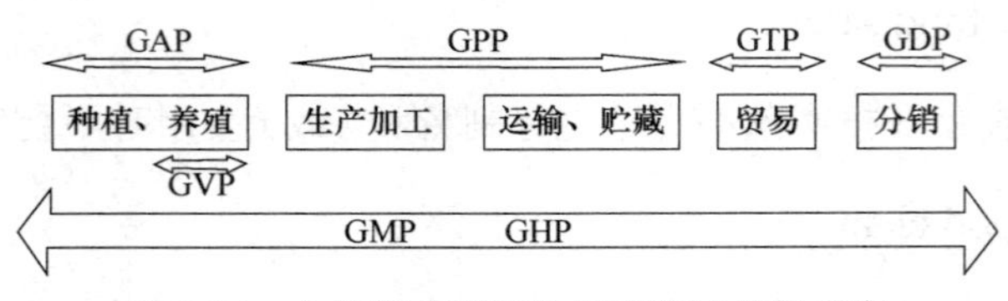

图 3-24 食品链中不同位置组织的前提方案

9. 操作性前提方案（operational prerequisite program，OPRP）

操作性前提方案是指通过危害分析确定的、必需的前提方案 PRP，以控制食品安全危害引入的可能性和（或）食品安全危害在产品或加工环境中污染或扩散的可能性。

知识链接

操作性前提方案

（1）操作性前提方案是在进行危害分析之后，根据危害评估的结果，进行控制措施的选择和评估，最后才能确定什么措施是属于操作性前提方案，什么措施是属于 HACCP 计划。

（2）操作性前提方案是通过危害分析所制定的实施作业程序或作业指导书，以规范有序地实施食品安全危害的控制措施；其结果的可靠性可通过经常的监视获得。操作性前提方案通常包括 HACCP 计划的五个准备步骤；由 SSOP 可以解决的问题；采购管理、产品处理等。

10. 关键控制点（critical control point，CCP）

关键控制点是指能够进行控制，并且该控制对防止或消除食品安全危害或将其降低到可接受水平所必需的某一步骤。

11. 关键限值（critical limit，CL）

关键限值是指区分可接受和不可接受的判定值。

12. 监视（monitoring）

监视是指为评价控制措施是否按预期运行，对控制参数实施的一系列策划的观察或测量活动。

13. 纠正（correction）

纠正是指为消除已发现的不合格所采取的措施。

14. 纠正措施（corrective action）

纠正措施是指为消除已发现的不合格或其他不期望情况的原因所采取的措施。

15. 确认（validation）

确认是指获得通过HACCP计划和OPRP管理的控制措施能够有效控制危害的证据。

16. 验证（verification）

验证是指通过提供客观证据对规定要求已得到满足的认定（图3-25）。

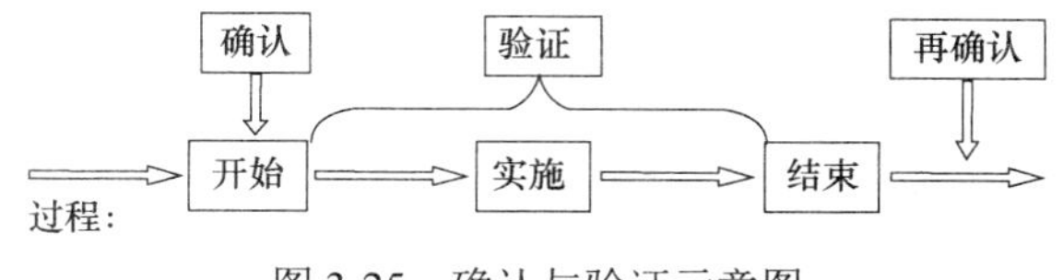

图3-25　确认与验证示意图

17. 更新（updating）

更新是指为确保应用最新信息而进行的即时和（或）有计划的活动。

（四）食品安全管理体系

1. 总要求

组织应确定食品安全管理体系的范围。

（1）产品或产品类别。

（2）产品的生产过程（食品链中的位置）。

（3）生产场地。组织将在考虑产品特性、产品预期用途、流程图、加工步骤和控制措施基础上进行危害识别及评价。对某一特定的拥有数条生产线的组织来说，本准则仅覆盖其中若干条生产线，而不覆盖其他的生产线。在建立、实施和保持食品安全管理体系时，组织应采取以下措施：

（1）识别和评价合理预期的、可能发生的食品安全危害，对这些危害进行控制，并且在控制过程中不能以任何方式伤害消费者。

（2）加强在组织内部及整个食品链中的沟通，沟通将有助于组织增强理解；协调行动；员工充分参与；以改进业绩，沟通的有效性将直接影响食品安全。

（3）对已建立的食品安全管理体系，应定期对食品安全危害进行评价，需要时进行更新，必要时可调整评价方法；当体系发生重大变更时，应调整评价的频次。

组织如果能够确保源于外部的过程已按照GB/T 22000—2006的要求建立、实施、监视、保持和更新，就可以借助外部能力，根据GB/T 22000—2006的要求建立和实施食品安全管理体系。

而且GB/T 22000—2006允许任一组织，特别是小型和（或）欠发达组织实施由外部制定和建立的前提方案、操作性前提方案和 HACCP 计划的组合，条件是组织能够证明：

① 制定的组合符合 GB/T 22000—2006 中对危害分析、前提方案和 HACCP 计划的要求。

② 采取了具体措施使外部制定的组合适用于组织。

③ 该组合已得到实施，并且按照 GB/T 22000—2006 的其他要求运行。

2. 文件要求

组织应规定建立、实施、保持和更新食品安全管理体系所需的文件（包括相关记录），

以便在组织内沟通意图、统一行动，证实组织体系运行情况的符合性，以及在组织内共享信息；因此文件的制定本身不是目的，它应是为组织带来增值效应的一项活动。

标准中要求形成文件的程序包括：4.2.2 文件控制、4.2.3 记录控制、7.10.1 纠正、7.10.2 纠正措施、7.6.5/7.10.3 潜在不安全产品的处置、7.10.4 撤回、8.4.1 内部审核。

通常构成体系的文件包括产品规范、HACCP 计划、操作性前提方案和前提方案，以及要求的其他运行程序，还包括任何源于外部的有关合同（例如虫害控制、产品检测）。在需要的时间和场合，组织使用的文件都应是可获得的，这些文件可以是任何形式的有效版本（例如书面形式，电子版或图片）。

由于组织的活动规模、复杂程度及其人员能力不同，以及组织使用外部制定的前提方案、操作性前提方案和 HACCP 计划组合的程度不同，因而每个组织的文件类型和范围可能不同。如果使用外部制定的前提方案、操作性前提方案和 HACCP 计划的组合，则其适宜的情况宜形成文件，该文件应是食品安全管理体系的一部分。

外部文件通常包括：标准、客户规范和图样、与产品相关的法律、法规文件等。在有些情况下，需要使用电子文档以满足法规的要求。

采用适当的方式，如加盖印章、使用版本号和修改次数、修改履历、文件编号等，确保文件的更改和现行修改状态得到识别。

在规定的时间段以及受控条件下，保持适当的记录是组织的一项关键活动。在考虑了产品预期用途以及产品在整个食品链中预期保质期的情况下来确定记录的保存期限。

（五）管理职责

1. 管理承诺

最高管理者是指在最高层指挥和控制组织的一个人或一组人。最高管理者的领导作用、承诺和积极参与，对实施有效的食品安全管理体系是必不可少的。

承诺内容：建立和实施食品安全管理体系。

承诺方式：组织的经营目标或发展战略，不限于从文字上表达食品安全的要求，但其实质内容应支持食品安全，以有助于组织最终实现食品安全的宗旨。

最高管理者对建立和实施食品安全管理体系进行承诺的证据可以有以下几种形式：

（1）正式签署的文件，如管理承诺或经营目标等。

（2）体系运行记录，如与食品安全管理体系建立与实施有关的会议及培训课程的签到记录，票据和计划、内部审核记录、管理评审记录、资源提供的记录等。

（3）通过与最高管理者交谈了解其履行承诺的情况。

2. 食品安全方针

食品安全方针是由组织的最高管理者正式发布的该组织总的食品安全宗旨和方向，它应是总方针的一部分，并与其保持一致。制定的食品安全方针应形成文件，并应满足下列要求：

（1）与组织相适应。

（2）符合相关的食品安全法律法规要求及与顾客商定的食品安全要求。

（3）方针宜使用容易理解的语言来表达，在组织的各层次进行沟通，确保员工均能了解与其活动的关联性，以便有效地实施并保持方针；同时应对方针的适宜性进行评审，根据组织的实际情况以及持续改进的要求进行修订。

（4）沟通的安排。

制定的食品安全目标应符合下列要求：

（1）可定量或定性地测量。

（2）支持食品安全方针。

3. 食品安全管理体系策划

最高管理者应对组织的食品安全管理体系进行策划。策划应满足食品安全管理体系的总要求，策划活动应规定必要的运行过程和相关资源，包括符合法规要求的基础设施，并能实现目标。

组织应有一套策划的机制，当食品安全管理体系发生变化，以及出现了新的食品安全规范，出现了重大食品安全事故，出现了重大顾客投诉时要进行策划，确保该变化不会给食品安全带来负面影响，确保体系的完整性和持续性。

4. 职责和权限

明确员工的职责和权限，是食品安全管理体系运行的保障。最高管理者应确定组织机构，规定各部门和各岗位人员的职责和权限。

5. 食品安全小组组长

食品安全小组组长应是该组织的成员。组长至少应具备食品安全的基本知识，不必要求其必须具备专家水平，但小组中其他成员应能够提供相应的专家意见，否则应有一名与面临的危害相对应的微生物学家或化学家；食品安全小组组长在具备必需的食品安全知识并得到授权时，可负责与外部沟通食品安全管理体系的相关事宜。

6. 沟通

（1）外部沟通。外部沟通的主要有以下几个相关方面：

① 与供方和分包商的沟通。

② 与顾客的互动沟通。

③ 与食品主管部门的沟通。

（2）内部沟通。内部沟通旨在确保组织内进行的各种运作和程序都能获得充分的相关信息和数据。不同部门和层次的人员包括上至最高管理者下至车间工人，应通过适当的方法及时沟通，以保证信息传递的正确性，提高组织效率。

7. 突发事件准备和响应

组织应建立和保持相应的程序，以识别潜在事故、紧急情况和事件，并对其做出响应。必要时，尤其在发生事故和紧急情况之后，应评审和修改相应的应急准备和响应程序。潜在紧急情况和事故的实例包括火灾、洪水、生物恐怖主义、阴谋破坏、能源故障、环境的突然污染、出现新的危害等。组织也可能处理“商业”风险或消费者关注的问题，或基于食品危害不科学的媒体宣传。

8. 管理评审

管理评审是最高管理者的重要职责，是对食品安全管理体系的适应性、充分性、有效性按策划的时间间隔进行的系统的、正式的评价，通常由最高管理者、部门负责人及相关人员参加。评审的频次可按组织策划的结果、体系变化的需求等来确定，当组织连续出现重大食品安全事故，被顾客投诉、质疑体系的有效性时，也应考虑及时进行管理评审。通常来说，一年进行一次。管理评审的记录应妥善保存。

1）评审输入

管理评审是对组织运行是否满足所制定的食品安全目标的整体评定。在各项管理评审输入中，体系验证活动的结果（包括内部审核的结果）应作为体系更新的输入，以识别食品安全管理体系改进或更新的需要。而体系更新活动的结果，以及突发事件准备、响应，还有召回应作为管理评审的输入，如图 3-26 所示。

2）评审输出

评审输出是管理评审活动的结果，组织应根据输出的结果制定相关的决定和措施，予以实施，形成持续改进。管理评审输出的决定和措施应与以下方面有关：

（1）食品安全保证。

（2）食品安全管理体系有效性的改进。

（3）资源需求。

（4）组织食品安全方针和相关目标的修订。

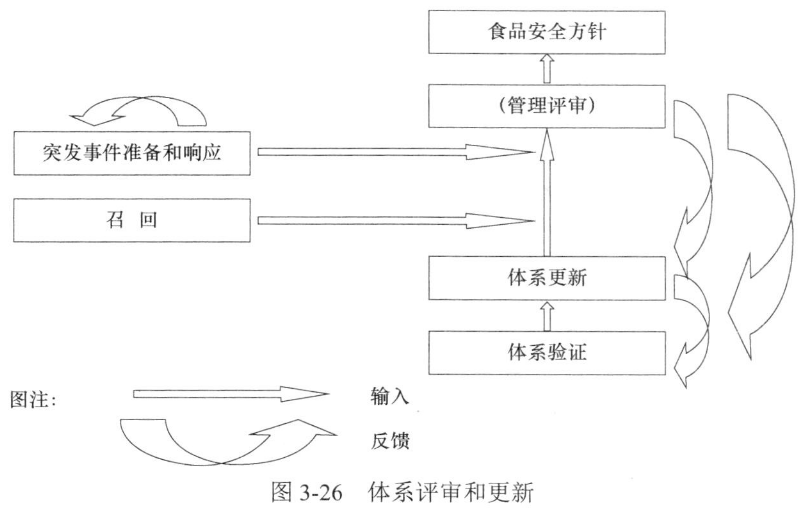

图 3-26　体系评审和更新

（六）资源管理

1. 资源提供

资源是建立食品安全管理体系，实现食品安全方针和目标的必要条件。组织应根据自身的性质、规模、方针、产品特性和相关方的要求，确定组织在建立、实施、保持和更新食品安全管理体系的不同阶段所需的资源，以达到生产安全食品和满足相关方要求的目的。资源可包括：人员、信息、基础设施、工作环境甚至文化环境等。

2. 人力资源

组织中的任何人员，如果其活动可能影响食品安全，那么就应具备必要的能力，以便胜任其所从事的工作，确保其活动不会对生产的产品造成对健康的伤害。

对其能力的评价可基于其受教育的程度、接受的培训、具备的专业技能和从业经验来做出初步的判断。对其能力的要求可以是健康方面的，如没有传染病；也可以是学历和专业方面的，如食品加工专业本科以上学历；还可以是技能、经验和培训的要求，如杀菌工的要求可以是：高中以上学历、从事罐头杀菌工作三年以上，熟练掌握杀菌规程，具备国家颁发的职业证书。对于不具备的能力，可以通过继续教育和培训来弥补：如食品安全小组人员组成时，除需要考虑多专业的互补性外，对于小组中人员缺乏食品安全管理体系准则知识的，还需要通过有能力人员对其培训，使之具备与其预期目的相适宜的能力。

当组织在建立、实施或运行食品安全管理体系时，由于人员在某些方面能力的欠缺、某种特定专业知识的缺乏或食品安全管理体系的需要，组织可以通过聘请外部专家的方式满足组织的需求，但应以协议或合同的方式对专家的职责和权限做出规定，并将此协议或合同作为记录保存。

组织应确定对食品安全有影响的人员，旨在：

（1）确定从事影响食品安全活动的人员所必要的能力。
（2）提供培训或采取其他措施满足需求。
（3）确保对食品安全管理体系负责监视、纠正、纠正措施的人员受到培训。
（4）评价采取措施的有效性。
（5）确保这些人员认识到其活动对实现食品安全的相关性和重要性。
（6）确保所有影响食品安全的人员能够理解有效沟通的要求。
（7）保持有关的教育、培训技能和经验的适当记录。

3. 基础设施

基础设施作为资源的一个重要部分，是组织实现安全产品的物质保证。组织需要提供适宜的基础设施，并对基础设施进行维护，使之持续符合食品安全管理体系的要求。

组织可参考国际（法典）、国内的食品卫生规范和食品链中其他环节的要求，提供基础设施。基础设施可以包括但不限于建筑物和设施的布局、设计和建设；空气、水、能源和其他基础条件的提供；设备，包括其预防性维护、卫生设计和每个单元维护和清洁的可实现性：包括废弃物和排水处理的支持性服务。

4. 工作环境

组织必须对实现安全产品符合性所需的工作环境加以确定，并对工作环境中与产品符合性有关的因素加以管理。工作环境是指工作时所处的一组条件。这种条件可以是物理的，如厂区或建筑物内，还可能包括周边及外部区域情况，如加工车间内员工的人均面积不低于 $1.5m^2$、重要运输线路、厂区的道路硬化或绿化的要求、控制生产环境或周围环境中虫害出没和人员健康及宗教信仰的要求等。同时这种条件还可以是社会的，如员工福利和动物福利的要求；也可以是环境的因素，如肉排酸库对环境温度、湿度的要求，水产品加工车间对空气细菌的要求和面粉加工厂对粉尘排放的要求等；而卫生环境则是食品生产环境所必不可少的。

（七）安全产品的策划和实现

1. 总则

（1）组织应策划和开发实现安全产品所需的过程，应明确过程的三要素——输入、输出、活动。并在必要时，对策划的过程进行更改。标准 7.2～7.8 条款说明了这些过程的策划要求，标准 7.9～7.10 条款说明了这些过程的实施要求。

（2）组织应实施、运行策划的活动及其更改（包括前提方案、操作性前提方案、HACCP 计划及其它们的更改），并通过确认、监视和验证确保其有效实施。

2. 前提方案

（1）建立、实施和保持前提方案的目的。组织建立、实施和保持前提方案（PRPs）以助于控制以下几个因素：

① 食品安全危害通过工作环境进入产品的可能性。

② 产品的生物、化学和物理污染，包括产品之间的交叉污染。

③ 产品和产品加工环境的食品安全危害水平。

（2）制定前提方案的要求。

① 与组织在食品安全方面的需求相适宜。

② 与运行的规模和类型、制造和（或）处置的产品性质相适宜。

③ 无论是普遍适用还是适用于特定产品或生产线，前提方案都应在整个生产系统中实施。

④ 获得食品安全小组的批准。

（3）前提方案的内容。

① 建筑物和相关设施的布局和建设。

② 包括工作空间和员工设施在内的厂房布局。

③ 空气、水、能源和其他基础条件的提供。

④ 包括废弃物和污水处理的支持性服务。

⑤ 设备的适宜性，及其清洁、保养和预防性维护的可实现性。

⑥ 对采购材料（如原料、辅料、化学品和包装材料）、供给（如水、空气、蒸汽、冰等）、清理（如废弃物和污水处理）和产品处置（如贮存和运输）的管理。

⑦ 交叉污染的预防措施。

⑧ 清洁和消毒。

⑨ 虫害控制。

⑩ 人员卫生。

（4）建立、实施和保持前提方案的注意事项。

① 在制定前提方案时，组织应识别与其前提方案有关的法律法规和其他要求（如顾客要求、公认的指南、食品法典委员会的法典原则和操作规范等），并在制定前提方案时，对这些法律法规和其他要求予以考虑和利用。

② 应在文件中规定如何管理前提方案中包括的活动。

③ 应对前提方案实施效果的验证进行策划，必要时应根据前提方案需求的变化，对前提方案进行改进。更改时要注意是否会带来对食品安全的危害。

④ 应保持前提方案验证和更改的记录。

知识链接

前提方案与操作性前提方案的确定

1．前提方案的确定

前提方案是食品企业生产、加工的最基本的条件以及日常的一些活动。食品企业应根据自身所处的食品链位置及类型，选择和制定前提方案。如一个速冻方便食品出口企业，应依据《中华人民共和国食品安全法》《食品企业通用卫生规范》（GB 14881—2013）以及进口国的卫生规范要求等相关法律、法规、规章、标准制定组织自己的前提方案。

一些已经建立 HACCP 体系的食品企业，在转换为食品安全管理体系时，有些仅仅将原有的良好操作规范（GMP）文件作为前提方案，不能满足标准的要求。而部分审核员只是粗略地看了一下前提方案的内容，认为GMP与前提方案没有太大的差别，这种理解是不对的。

前提方案的涵盖范围是很广泛的，如果是食品生产企业，前提方案不仅包含了企业良好操作规范、卫生标准操作程序（SSOP）的内容，通常还包含了以下要求：

（1）原辅料、化学品和包装材料的采购管理与供方控制。

（2）设备设施的维护保养。

（3）加工过程压缩空气、水、电、蒸汽、热水的保障。

（4）加工车间空气及加工使用空气质量。

（5）加工废弃物、煤渣及污水排放与处理。

（6）车间、厂区及周边环境消毒。

（7）产品贮存和运输的管理。

2．操作性前提方案的确定

操作性前提方案用于管理那些通过危害分析识别的，将确定的危害控制到可接受水平是必要的，但不通过HACCP计划管理的控制措施。有些企业将SSOP作为操作性前提方案，这种理解是不准确的。操作性前提方案不是用于进行卫生控制的，也不是像卫生标准操作程序那样通常涵盖八个方面。它确定最关键的是要基于危害分析，是通过危害分析后针对识别出的具体危害控制而设计的。如对于一般企业而言，食品传送带的清洁消毒通常用SSOP进行控制，不需要通过操作性前提方案进行控制。但是对于肉制品生产企业，普通加工台面的清洁消毒通常用SSOP进行控制，它是用于提供一个生产加工的卫生环境，并不针对某一种具体危害进行控制。而通过危害分析发现，如果传送带清洗消毒不及时，会带来菌落总数超标。此时，传送带的清洁消毒可能就需要通过操作性前提方案加以控制。所以，企业的哪些环节通过操作性前提方案进行控制是需要通过危害分析得出的。

操作性前提方案主要包括方案控制的食品安全危害、危害的控制措施、监视程序、当监视显示操作性前提方案失控时所采取的纠正和纠正措施；方案在执行过程中的职责和权限；监视的记录等内容，操作性前提方案可以看作是前提方案的一部分。

认可评审员在现场见证的过程中应重点关注审核员是否审核了组织的前提方案及操作性前提方案的确定过程（包括企业法律、法规、规章、标准的识别，文件的编写等），文件内容与标准的符合性及实施的有效性，组织通过前提方案的实施能否保持一个卫生的生产、加工环境等。

3. 实施危害分析的预备步骤

1）总则

（1）应收集、保持和更新实施危害分析的所有相关信息，并将这些信息形成文件。

（2）应保存收集、保持和更新信息的记录。

2）食品安全小组　食品安全小组的任务包括：

（1）确保食品安全管理体系的策划、实施、保持和更新。

（2）负责制定和批准前提方案PRP。

（3）进行危害分析，制定操作性前提方案OPRP，制定HACCP计划，并在必要时对它们进行修改。

（4）监督实施、监控HACCP计划，并对食品安全管理体系进行验证。

（5）对控制措施组合进行确认；对验证结果进行评价和分析。

（6）协助人力资源部对全体人员进行食品安全方面的培训等。

食品安全小组的要求包括以下几个方面：

（1）食品安全小组应由具有不同专业知识的人员组成，这些人员应具备建立、实施食品安全管理体系的经验。能够证明人员能力（知识、经验等）的证据，如学历证明、从业经验证明、技术职称证书等，都要作为记录保存。

（2）食品安全小组的知识和经验至少应覆盖组织食品安全管理体系范围内的产品、过程、设备和食品安全危害。

（3）食品安全小组包括企业内各个主要部门的代表，可以来自维护、生产、卫生、质量控制、研究开发、采购、运输、销售以及直接从事日常操作的人员。

（4）在较大的公司，可以组成食品安全管理组并下设独立的分组管辖各产品组或车间。管理组注重于协调、组织、策划和验证食品安全管理体系，分组则注重体系的实施和现场检查等执行方面的职责。

3）产品特性

应以文件的形式对所有原料、辅料和与产品接触的材料的特性进行描述。描述的详略程度，应以能保证实施危害分析时的需要为原则。适用时，特性描述的内容包括如下方面：

（1）化学、生物和物理特性。

（2）配制辅料的组成，包括添加剂和加工助剂。

（3）产地。

（4）生产方法。

（5）包装和交付方式。

（6）贮存条件和保质期。

（7）使用或生产前的预处理。

（8）原料和辅料的接收准则或规范。接收准则和规范中，应关注与原料和辅料预期用途相适宜的食品安全要求。

应以文件的形式对终产品的特性进行描述。描述的详略程度，应以能保证实施危害分析时的需要为原则。适用时终产品特性描述的内容包括如下方面：

（1）产品名称或类似标志。

（2）成分。

（3）与食品安全有关的化学、生物和物理特性。

（4）预期的保质期和贮存条件。

（5）包装。

（6）与食品安全有关的标志和（或）处理、制备及使用的说明。

（7）分销方法。

特性描述时的注意事项如下：

（1）在对产品特性进行描述时，应识别与描述的内容相关的法律法规的要求。

（2）产品特性描述的详略程度，应以能保证实施危害分析时的需要为原则。

（3）产品特性的描述应随着其组成内容的变化而变化。必要时，应按照标准条款 7.7

的要求进行更新。

4）预期用途

（1）预期用途包括预期贮藏条件、食用或制作方式、消费群体等。在终产品的特性描述中，应将预期用途、合理预期的处理以及非预期但可能发生的错误处置和误用情况包括在内。

（2）预期用途中要说明产品的适用人群，对其中的易感人群（不宜使用本产品的人群）应特别的说明。产品用途不同，其危害分析结果和危害的控制方法是不同的。

预期用途描述时的注意事项：

（1）产品用途不同，其危害分析结果和危害的控制方法是不同的。因此预期用途的描述要详尽。

（2）预期用途描述的详略程度，应以能保证实施危害分析时的需要为原则。

（3）必要时，应按照标准条款 7.7 的要求对预期用途的描述进行更新。

5）流程图、过程步骤和控制措施

流程图的作用：流程图是用简单的方框或符号，清晰、简明地描述从原料接收到产品贮运的整个加工过程，及有关配料等辅助加工步骤。流程图的绘制，为评价食品安全危害可能的出现、增加或引入提供了基础。组织应绘制食品安全管理体系覆盖的产品或过程的流程图。流程图的内容包括：

（1）操作中所有步骤的顺序和相互关系。

（2）源于外部的过程和分包工作。

（3）原料、辅料和中间产品投入点。

（4）返工点和循环点。

（5）终产品、中间产品和副产品放行点及废弃物的排放点。

流程图绘制的注意事项：

（1）流程图应清晰、准确和详尽地列出加工的所有步骤和环节。

（2）需注意的是，为有助于危害识别、危害评价和控制措施评价，除了绘制产品流程图外，还可绘制其他的图表或车间示意图或用文字进行描述（如气流、人流、设备流、物流等），以显示其他控制措施的相关位置及食品安全危害可能引入和重新分布的情况。

（3）流程图绘制完成后，食品安全小组应通过现场核对来验证所绘制流程图的准确性。验证无误的流程图应作为记录予以保存。

过程步骤和控制措施的描述要求：所谓过程步骤和控制措施描述也就是平常所说的工艺描述，即对过程流程图中的每一步骤的控制措施进行描述。描述的详略程度，应以保证实施危害分析时的需要为原则。

工艺描述的内容包括过程参数及其实施的严格度、工艺控制方法及要求、工作程序，还包括可能影响控制措施的选择及其严格程度的外部要求（如来自顾客或主管部门）。应按标准 7.7 条款的要求适时对工艺描述进行更新。

4. 危害分析

1）总则

通过实施危害分析，以确定需要控制的危害，确保食品安全所需的控制程度（危害的可接受水平）以及所需的控制措施的组合。

2）危害识别和可接受水平的确定

（1）危害的识别。组织应识别出流程图中每个步骤中的所有潜在危害，危害识别时应全面考虑产品本身、生产过程和实际生产设施涉及的生物性、化学性和物理性三个方面的潜在危害。

危害识别可基于如下信息：通过 7.3 条款预备步骤收集的信息和数据；本组织的历史经验，如本组织曾发生的食品安全危害；外部信息，尽可能包括流行病学和其他历史数据；来自食品链中，可能与终产品、中间产品和消费食品的安全相关的食品安全危害信息。

（2）危害识别的要求。

① 应指出每个食品安全危害可能被引入的步骤（从原料、生产和分销）。

② 危害应当以适当的术语表达，如生物危害的生物种类（例如大肠埃希氏菌）、物理危害的物体种类（例如玻璃、骨头渣）、化学危害的化学构成（例如铅，水银或通常化学分类如杀虫剂）。

③ 特定潜在危害有三个来源：特定产品、特定操作和特定环境。

（3）可接受水平的确定。可接受水平指的是为确保食品安全，在组织的终产品进入食品链下一环节时，某特定可接受水平危害所需要达到的水平；它仅指下一环节是实际消费时，食品用于直接消费的可接受水平。终产品的可接受水平应通过以下一个或多个来源获得的信息进行确定：

① 由销售国政府权威部门制定的目标、指标或终产品准则。

② 与食品链下一环节组织（经常是顾客）沟通的规范，特别是针对用于进一步加工或非直接消费的终产品。

③ 考虑与顾客达成一致的可接受水平和/或法律规定的标准，食品安全小组制定的可接受的最高水平；缺乏法律规定的标准时，通过科学文献和专业经验获得。

3）危害评价

（1）危害评价的作用。对识别出的危害进行评价，以确定需要组织进行控制的危害。

（2）危害评价的标准和方法。根据危害发生的可能性和危害后果的严重性来确定危害是不是显著危害。一般根据工作经验、流行病学数据、客户投诉及技术资料的信息来评估危害发生的可能性；一般用政府部门、权威研究机构向全社会公布的风险分析资料、信息来判定危害的严重性。

（3）危害评价的要求。

① 应描述危害评价的方法。

② 应记录食品安全危害评价的结果。

4）控制措施的选择和评价

食品安全小组应针对已评价出的危害选择适宜的控制措施（或控制措施组合），应对控制措施的有效性进行评价。应将对控制措施进行分类的方法和参数形成文件，应保存控制措施评价结果的记录。

（1）控制措施的选择。应对所选择的控制措施进行分类，以决定是否需要通过操作性前提方案 OPRP 或 HACCP 计划对其进行管理。选择和分类应使用包括评价以下方面的逻辑方法：

① 针对实施的严格程度，控制措施对确定的食品安全危害的控制效果。

② 对该控制措施进行监视的可行性（如适时监视以便能立即纠正的能力）。

③ 相对其他控制措施，该控制措施在系统中的位置。

④ 预期对危害控制有显著影响的控制措施运行失效的可能性，或对危害产生影响的重大生产变化的可能性。

⑤ 一旦该控制措施的作用失效，后果的严重程度。

⑥ 控制措施是否有针对性地建立并用于消除或显著降低危害水平。

⑦ 协同效应（即两个或更多措施作用的组合效果优于每个措施单独效果的总和）。必须说明的是，控制措施的分类不是绝对的。只要最终的控制措施组合能够预防、消除或减少食品安全危害至规定的接受水平即可。

（2）控制措施的评价。应对控制措施的有效性进行评价。

5. 操作性前提方案的建立

1）操作性前提方案的内容

（1）由操作性前提方案控制的食品安全危害。

（2）食品安全危害的控制措施。

（3）能够证实操作性前提方案（OPRPs）实施的相关监视程序。

（4）当监视显示操作性前提方案失控时，采取的纠正和纠正措施。

（5）职责和权限。

（6）监视的记录。

2）操作性前提方案涉及的项目

（1）食品接触或与食品接触物表面接触的水（冰）的安全。

（2）与食品接触的表面（包括设备、手套、工作服）的清洁度。

（3）防止发生交叉污染。包括食品与不洁物、食品与包装材料、人流与物流、高清洁度区域食品与低清洁度区域食品、生食与熟食之间的交叉污染。

（4）手的清洗与消毒设施以及卫生间设施的维护与卫生保持。

（5）防止食品被污染物污染。

（6）有毒化学物质的标记、贮存和使用。

（7）雇员的健康与卫生控制。

（8）虫害的防治。

（9）产品包装、贮存、运输和销售。操作性前提方案中应包括供排水网络图、人流物流图、捕灭鼠虫设备布置图。

3）操作性前提方案文件化说明

操作性前提方案需要形成文件，文件的形式可以是作业指导书，也可以是程序或计划（如仿照 HACCP 计划设计）。

6. HACCP计划的建立

1）HACCP计划

HACCP计划说明：组织应编制包括程序或作业指导书的HACCP计划，对关键控制点进行管理。本条款给出了HACCP计划的框架要求。

2）关键控制点的识别

（1）有时同一个危害可能由CCP点（HACCP计划）和操作性前提方案OPRP共同控制，如HACCP计划控制病菌的杀灭，操作性前提方案控制病菌的再污染等。

（2）显著危害所介入的那个步骤，不一定是CCP点，因为随后的步骤或工序可能控制该显著危害。CCP应是最有效的控制显著危害的点。

（3）应该根据已确定的控制措施确定关键控制点CCP。如果控制措施的识别和评定不能确定关键控制点CCP，潜在的危害须由操作性前提方案控制。

（4）在某些产品加工中可能识别不出关键控制点。

3）关键控制点中关键限值的确定

确定关键限值的目的是保证关键控制点受控，以确保终产品食品安全危害不超过其可接受水平。偏离关键限值时要采取纠偏措施，纠偏措施不仅很复杂，还可能造成停产、产品返工甚至销毁。因此避免关键限值的偏离是很重要的，设立操作限值就是为了避免关键限值的偏离，进而最大限度地避免损失，确保产品安全。

操作限值比关键限值更严格，当控制超出操作限值（但未超过关键限值）时，现场可马上进行加工调整（加工调整：使加工回到操作限值以内而采取的措施），在参数偏离关键限值之前，使生产加工重回到正常状态，而不需要采取纠偏措施。

4）关键控制点的监视系统

（1）对每个关键控制点应建立监视系统，监视系统应包括所有针对关键限值的、有计划的测量或观察。

（2）监视的方法和频率，应能保证及时发现关键限值的偏离，以便在产品使用或消费前对产品进行隔离。

（3）应建立和保持由程序、指导书和表格构成的文件化的监视系统。

5）监视结果超出关键限值时采取的措施

在HACCP计划中应规定偏离关键限值时所采取的纠正和纠正措施（也叫纠偏措施）。纠正和纠正措施由两个方面组成：

（1）纠正、消除产生偏离的原因，使CCP重新恢复受控，并防止再发生。

当发生偏离时，应及时采取措施将偏离的参数重新调整到关键限值的范围内（即纠正），同时分析偏离产生的原因，采取纠正措施，防止这种偏离再次发生。组织应对纠正和纠正措施的有效性进行确认。

（2）隔离、评估和处理在偏离期间产生的产品。

按GB/T22000—2006之7.10.3条款的要求隔离、评估和处理在偏离期间生产的产品。应建立潜在不安全产品处置的程序，对偏离期间所产生的产品，应按程序进行处置。处置后的产品经评价合格后才能放行。

7. 预备信息的更新、规定前提方案和HACCP计划文件的更新

编制操作性前提方案和（或）HACCP计划后，要适时对下列信息进行更新：

（1）产品特性。

（2）预期用途。

（3）流程图。

（4）过程步骤。

（5）控制措施。必要时还需对 HACCP 计划以及描述前提方案的程序和指导书进行修改。引起更新的原因有很多，其中危害分析导致最初预计的和（或）先前运用的情况发生变化（例如控制措施的取消或增加）是原因之一。

8. 验证的策划

1）验证的目的

应策划验证活动，以保证以下几个方面的任务得以完成：

（1）前提方案得以实施。

（2）危害分析的输入持续更新。

（3）HACCP计划中的要素和操作性前提方案得以实施且有效。

（4）危害水平在确定的可接受水平之内。

（5）组织要求的其他程序得以实施，且有效。

2）验证的策划与实施

（1）在进行验证的策划和实施时，要明确验证的目的、内容及标准、方法、地点（阶段）、频次、实施者（职责）、所需的资源和装置、验证需要的文件和记录、验证结果的利用等。

（2）策划的输出应形成适于组织运作的文件，可以是表格、程序或作业指导书 。应按这些文件的要求实施验证。

3）验证中的注意事项

（1）应记录验证的结果，并将验证结果传达到食品安全小组以进行验证结果的分析。

（2）当体系验证是基于终产品的测试，且测试的样品不符合食品安全危害的可接受水平时，受影响批次的产品应按照标准7.10.3条款潜在不安全产品处置。

4）验证的项目

验证的项目一般包括：前提方案与操作性前提方案的验证、HACCP 计划的验证、CCP的验证、食品安全管理体系内部审核、最终产品的微生物检测。

9. 可追溯性系统

1）建立可追溯性系统的目的

组织通过容器和产品上的标志（如批次编码、日期、品名等）和有关的记录，识别产品批次及其与原料批次、生产和交付记录的关系。组织应保证市场终端—批发商（代理商）—仓库—生产—采购—供应商—产地的过程中，产品的信息能够被追溯。

2）可追溯性系统的要求

（1）可追溯性系统应能够识别直接供方的进料和终产品首次分销途径。

（2）可追溯性标志、记录应符合法律法规、顾客的要求。如产品包装上的批次标志、日期标志、保存期标志必须符合国家的有关标准。

（3）可追溯性记录的保存期，应足以满足体系评价、潜在不安全产品的处置和撤回的需要。可追溯性记录的保存期应考虑法律法规、顾客、保质期的要求。

3）可追溯性的管理

（1）明确可追溯性要求。组织应明确规定需追溯的产品、追溯的起点和终点、追溯的范围、标志及记录的方式。

（2）采用唯一性标志。为使产品具有可追溯性，采用唯一性标志来识别产品的个体或批次。

（3）记录唯一性的标志。通过记录可以了解到产品过程条件、人员状态等，一旦发现问题，可以迅速查明原因，采取相应措施。

（4）建立专门的控制系统。一般由食品质量安全部门负责建立和实施可追溯性管理网络，以实现对产品的可追溯性控制。

10. 不符合控制

1）纠正

纠正的要求：

（1）应建立和保持形成文件的程序，对纠正进行管理。

（2）应确保关键控制点超出或操作性前提方案失控时，受影响的终产品得到识别和控制。

（3）应评审所采取的纠正的有效性。

（4）纠正应得到相关负责人的批准。要做好纠正记录，记录包括不符合的性质及其产生原因和后果，以及不合格批次的可追溯信息。

关键限值失控的纠正：

（1）使 CCP 重新恢复受控。当发生失控时，应及时纠正，以使偏离的参数重新回到关键限值的范围内。组织应对纠正的有效性进行评审。

（2）隔离、评估和处理在偏离期间生产的产品。按 GB/T 22000—2006 之 7.10.3 条款的要求隔离、评估和处理在偏离期间生产的产品。

操作性前提方案失控的纠正：

（1）使操作性前提方案重新恢复受控。当发生失控时，应及时纠正，以使失控的操作性前提方案重新恢复受控。组织应对纠正的有效性进行评审。

（2）对于在操作性前提方案失控条件下生产的产品，应根据不符合原因及其对食品安全造成的后果对其进行评价，并在必要时，按 GB/T 22000—2006 之 7.10.3 条款的要求处置。评价结果要予以记录。

2）纠正措施

纠正与纠正措施的区别：

（1）纠正是针对已发现的不合格采取的措施，可涉及返工或降级。

（2）纠正措施是针对已发现不合格的原因采取的措施，采取纠正措施是为了防止再发生。

（3）纠正可以和纠正措施一同采取，也可以分开采取。

纠正措施的要求：

（1）应授权有能力的人员评价操作性前提方案和关键控制点监视的结果，以便启动纠正措施。

（2）在关键限值、操作性前提方案失控时，必须采取纠正措施。

（3）应建立并保持纠正措施的文件化的程序。

（4）对任何不符合都要进行紧急处理，以使相应的过程或体系恢复受控状态。

纠正措施控制程序的建立和实施：

（1）评审不符合（包括顾客抱怨）。应对收集来的各种不合格信息进行分析、评审，包括对可能表明向失控发展的监视结果的趋势进行评审，以确定不合格信息的正确与完整。

（2）确定不合格的原因。调查问题产生的原因，分析它们之间的因果关系，从中找出主导因素和根本原因，适合时可借助统计技术。原因有孤立的、偶然的和系统的，对于系统原因，要考虑采取纠正措施的需要。

（3）纠正措施需求的评价。导致不符合的原因是多方面的，因此需要评价所采取的措施对不符合的影响效果。纠正措施的实施是要发生费用的，因此还应根据问题的严重性以及对食品安全产生的影响，确定是否采取纠正措施，以及采取怎样的纠正措施。

（4）确定纠正措施并实施。针对分析的原因，制定纠正措施，纠正措施应明确实施的责任部门、实施的步骤、完成日期和进度。要保证采取的纠正措施不带来新的食品安全危害。采取纠正措施时应考虑效率和有效性，实施过程中，应对纠正措施进行监控以确保纠正措施的及时性和有效性。

（5）对纠正措施的有效性进行跟踪评审。每项纠正措施完成后，都要对其有效性进行评审，评审其是否能够防止类似不合格继续发生。

（6）记录纠正措施的结果。对纠正措施的结果，包括原因分析、纠正措施的内容、完成情况、评审的结果等，都应进行记录。

3）潜在不安全产品的处理

潜在不安全产品（不合格品）的处理步骤：

建立和保持潜在不安全产品/不合格品控制的文件，对潜在不安全产品的控制要求、相关响应以及处理的职责和权限做出规定。

（1）识别潜在不安全产品（不合格品）。

（2）记录潜在不安全产品（不合格品）的状况。

（3）评审潜在不安全产品（不合格品）。

（4）实施所决定的处置方式。处置的结果应予以记录。

潜在不安全产品（不合格品）的处置方式：

（1）对潜在不安全产品（不合格品）进行评价。评价时，如满足如下要求，产品均可放行：

① 相关的食品安全危害已降至规定的可接受水平。

② 相关的食品安全危害在产品进入食品链前将降至确定的可接受水平。

③ 尽管不符合，但产品仍能满足相关食品安全危害规定的可接受水平。

（2）对潜在不安全产品（不合格品）进行评价。评价时，如果符合下列任一条件，潜在不安全产品可以放行：

① 除监视系统外的其他证据证实控制措施有效。

② 证据表明，针对特定产品的控制措施的组合作用达到预期效果（即达到按照GB/T 22000—2006 标准之 7.4.2 条款确定的可接受水平）。如罐装产品，虽然作为关键控制点的初温发生偏离，但杀菌过程却能充分满足要求。

③ 抽样、分析和（或）其他验证活动证实受影响批次的产品符合相关食品安全危害确定的可接受水平。

（3）对潜在不安全产品（不合格品）进行评价。评价时，如不符合上面①②两种情况，则需采取以下措施：

① 在组织内或组织外重新加工或进一步加工，以确保食品安全危害消除或降至可接受水平。

② 销毁和（或）按废物处理（如改为其他用途，作饲料使用）。

③ 对已交付的产品，应采取撤回（更换/退货/召回）的方式，以防止危害扩散。

撤回的对象为已交付的、确定为不安全批次的终产品。撤回的要求如下：

a．最高管理者应指定有权启动撤回的人员和负责执行撤回的人员。要健全这些人员的通信联络表。最好成立“产品撤回小组”，小组人员可包括：负责生产的主管领导、生产部门、销售部门、品质管理部门的人员和法律顾问。

b．组织应建立、保持撤回的文件化程序。程序中应规定：

如何通知相关方［如主管部门、顾客和（或）消费者］。可通过电视、媒体广告、互联网等途径通知相关方。

如何处置撤回产品及库存中受影响的产品。

采取措施的顺序。

c．被撤回产品在处置（销毁、改变预期用途、确定按原有或其他预期用途使用是安全的或重新加工以确保安全）之前，应在监督下予以保留。

d．要做好撤回记录，记录的内容包括撤回的原因、范围和处理的结果。应将撤回的原因、范围和处理的结果向最高管理者报告，作为管理评审的输入。

e．对撤回的产品进行评价，并按照 GB/T 22000—2006 标准之 7.10.3 条款处理。

需注意的是，如果与健康危害直接相关的一种或一批产品撤回，那么应对在类似生产条件下生产的以及可能对公众健康带来类似危害的其他产品进行安全评定或者也需要将其召回。

f．组织应通过模拟撤回或实际撤回等手段验证并记录撤回方案的有效性。

（八）食品安全管理体系的确认、验证和改进

1．总则

食品安全管理体系的确认、验证和改进的总要求。食品安全小组应对确认控制措施

和控制措施组合所需的过程进行策划，策划的输出应形成文件并严格实施。食品安全小组应验证和改进食品安全管理体系。

策划时应明确：确认、验证和改进活动的对象及应用程度（确认的对象是控制措施和控制措施组合。验证和改进的对象是食品安全管理体系）、方法（方法包括统计技术）、准则、地点（阶段）、频次、实施者、资源和装置、文件和记录、结果的利用等。

2. 控制措施组合的确认

1）确认的目的

（1）证实各控制措施或控制措施的组合能使相应的食品安全危害达到预期的控制水平。

（2）证实控制措施的整体结合能使最终产品满足已确定的可接受危害水平。

2）确认的项目

（1）操作性前提方案 OPRP 的确认。对操作性前提方案 OPRP 进行确认，确保 OPRP 从技术和科学的角度都是可靠的，能将相应的食品安全危害控制在预期的水平。确认由食品安全小组成员进行。

（2）HACCP 计划的确认。对 HACCP 计划进行确认，以证实其能使相应的食品安全危害达到预期的控制水平。确认由食品安全小组成员进行。HACCP 计划的确认主要对其组成部分做科学或技术上的评估，确认的内容包括：危害分析是否识别了全部危害，CCP 点的设定是否合适，关键限值的设定是否科学（对已经得到的信息、实验数据进行重新核对），监控程序是否对 CCP 实施有效的监控，纠偏程序、验证程序和记录保持系统是否有效。

3）确认的方法

确认方法包括但不限于以下几项：

（1）参考他人已完成的确认或历史知识；科学研究/专家的认同。

（2）用试验模拟过程条件或试生产。

（3）收集正常操作条件下生物、化学和物理危害的数据；厂内观察和测量。

4）确认的时机

操作性前提方案 OPRP 和 HACCP 计划实施之前，以及变更后要进行确认。

5）确认结果的处理

（1）当确认结果表明不能对食品安全危害进行预期的控制时，应对操作性前提方案 OPRP 和 HACCP 计划，包含控制措施和（或）其组合进行修改、重新评价和确认。修改可能包括控制措施，即生产参数、严格度和（或）其组合的变更，和（或）原料、生产技术、终产品特性、分销方式、终产品预期用途的变更。

（2）确认证实控制措施组合的设计不适宜，且经考虑重新设计不可行时，应当考虑通过适当的信息或标签将信息提供给顾客或消费者。

（3）确认通过后，操作性前提方案 OPRP 和 HACCP 计划可以正式运作，确认记录表如表 3-14 所示。

表 3-14 操作性前提方案 OPRP 确认记录表

确认项目	单项确认结论	备 注
适合产品：杏仁蛋白粉		
企业名称：××科技有限公司		
确认类型：口√首次确认 口修改后确认 口其他：		
确认人员：××× 确认日期：2006 年 9 月 5 日		
1. 总要求 操作性前提计划 OPRP 应具有可操作性，应明确目的、要求、资源条件、职责、控制方法、监控与验证方法、记录要求等。有明确的卫生指标	符合	
2. 水与冰的安全 是否明确日常监测项目、抽样方法与频率 是否有全项目水质检测报告 是否明确自备水处理和检测方法与频率 是否明确水源的保护与供水设施的清洁维护 是否有水的应急措施	符合	

3. 监视和测量的控制

（1）组织应提供证据证明所采用的监视、测量设备和方法是适宜的。

测量设备是测量的基础，其能力和状态直接影响测量结果的正确性，因此组织应确定需使用的测量设备。测量方法是测量的前提，正确的制定和选择适宜的标准方法和操作过程，对测量结果的准确性至关重要。

（2）监视、测量设备和方法实施方面的要求。

① 要对监视和测量装置进行首次校准和周期校准。

② 根据需要，对监测设备进行调整和再调整。调整时应遵守操作规程。

③ 标志监测设备的校准状态。一般在监测设备上贴校准状态标签，让使用者了解监测设备的状态（合格、限制使用、停用等）和有效期限。

④ 采取措施，防止调整时校准失效。如对操作人员进行资格确认，编制调整作业指导书，对校准点进行铅封等。

⑤ 采取措施，防止监测设备在搬运、维护和贮存时损坏或失效。如提供适宜的环境条件、采取防护措施等。

（3）监视和测量装置失准时的处理。一旦发现监测设备偏离校准状态（失准）时，应对以往检测结果的有效性进行评价并做好记录，并对设备和受影响的产品采取适当的措施。

① 对被检产品，并非一定要重新检测，但对其有效性必须评定。评定的追溯时间一般应计算到上次核准的时间。如评定认为应该对被检产品进行重检，则应按评定要求的范围追回被检产品进行重新监测。

② 对设备和受影响的产品采取的适当措施，包括必要时追回测量过的产品重新进行测量；对设备进行故障分析、修理并重新校准。

4. 食品安全管理体系的验证

1）内部审核

（1）审核的概念。为获得审核证据并对其进行客观的评价，以确定满足审核准则的程度所进行的系统的、独立的并形成文件的过程。按实施者和目的不同，可分为第一方审核（即内部审核）、第二方审核和第三方审核。本条款指内部食品安全管理体系审核。

（2）内部审核的目的。确定食品安全管理体系是否符合以下条件：

① 符合策划的安排、组织所建立的食品安全管理体系的要求和 GB/T 22000—2006 标准的要求。

② 得到正确的实施的和保持。

（3）内部审核的实施。组织应建立和实施内部审核的程序文件。程序文件应对内审的策划（策划的内容包括：审核的范围、频次、方法和能力等）、内审的实施、内审结果的报告、内审记录的控制、内审的职责和要求等做出规定。组织应定期开展食品安全管理体系的内部审核。一般要求内部审核的时间间隔不超过 12 个月。

内部审核方案的策划：组织要进行内部审核方案的策划，策划时要考虑拟审核过程和区域的状况和重要性，以及以往审核产生的更新措施。审核方案的内容包括：审核准则、审核范围（包括审核的地理区域、部门或体系要素）、审核频次、审核方法、审核时间、审核人员的能力要求、资源需求等。审核方案的安排应确保审核过程的客观与公正（包括审核员的选择、审核的实施），应保证审核人员不审核自己的工作。

对企业而言，一般一年策划一次审核方案，策划的输出为“年度内部食品安全管理体系审核方案”。内审的实施准备：审核准备、组成审核组、编制审核实施计划、编写检查表。

审核实施计划是安排审核日程、审核人员分工等内容的文件。每次审核时，都应编制审核实施计划。审核实施计划是年度审核方案的细化。审核实施计划包括审核目的、审核范围、审核准则、审核组成员及其分工、审核时间及进度安排。

审核实施过程：召开首次会议，现场审核，不符合项的确定和不符合报告的编写，审核结果的汇总分析，召开末次会议，编写审核报告。

审核期间发现不符合项部门的管理者必须针对该不符合项适时采取纠正和纠正措施。审核组成员应对纠正措施进行跟踪和验证，并提出验证的报告。

（4）实施中的注意事项。

① 审核人员应是非从事受审活动的人员，并独立于受审核部门。

② 向管理者报告审核结果，审核结果应作为管理评审的输入。

③ 应对纠正措施的实施进行验证并报告验证结果。

④ 做好审核记录的保存与控制。内审记录有审核方案、审核实施计划、检查表、审核报告、不符合报告和纠正措施报告。

2）单项验证结果的评价

应实施按 GB/T 22000—2006 标准之 7.8 条款策划的验证。对验证的结果应进行评价，以确定验证结果的正确与完整。当验证表明不符合时，组织应采取措施达到要求。采取措施时，应至少考虑对下列方面进行评审，看看是否这些方面出现了问题：

（1）现有的程序和沟通渠道。

（2）危害分析的结论、已建立的操作性前提方案和 HACCP 计划。

（3）前提方案。

（4）人力资源管理和培训活动有效性。

3）验证活动结果的分析

分析的结果和由此产生的活动应予以记录，并以相关的形式向最高管理者报告，作为管理评审的输入。分析的结果应作为食品安全管理体系更新的输入。

5. 改进

1）持续改进

在实施食品安全管理体系的持续改进时，组织应充分利用下列活动与方法：

（1）通过内外部沟通、内部审核、单项验证结果的评价、验证活动结果的分析、控制措施组合的确认，不断寻求改进的机会，并做出适当的改进活动安排。

（2）在管理评审中评价改进效果，确定新的改进目标和改进措施。

（3）实施纠正措施和食品安全管理体系更新以实现改进。

2）食品安全管理体系的更新

最高管理者对于及时更新食品安全管理体系负有领导责任，更新的具体执行由食品安全小组落实。本标准对更新的输入做了具体规定，并明确规定应有输出记录，并向最高管理者报告。

食品安全小组应在定期分析下列信息的基础上，对食品安全管理体系做出评价，以决定是否对其进行更新，以便将最新信息应用到现有食品安全管理体系。必要时还需要对危害分析、OPRP、HACCP 计划进行评审，以决定是否对他们进行更新。应定期分析的信息如下：

（1）来自内部和外部沟通的输入。

（2）验证活动结果分析的输出。

（3）来自有关食品安全管理体系适宜性、充分性和有效性的其他信息的输入。

（4）管理评审的输出。

应记录食品安全管理体系的更新情况。更新所引发的文件更改，应按文件控制的要求进行。应将食品安全管理体系的更新情况形成报告，作为管理评审的输入。

GB/T 22000—2006 食品安全管理体系的结构如图 3-27 所示（FSM：食品安全管理体系）。

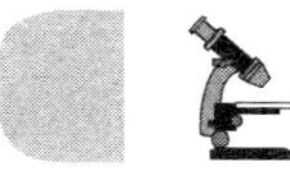

工作任务

GB/T 22000—2006 食品安全管理体系审核案例分析

【任务目标】请查找 GB/T 22000—2006 并参看本书判断以下案例是否符合 GB/T 22000—2006，若不符合，请指出不符合的具体条款，写出改进建议及审核体会。

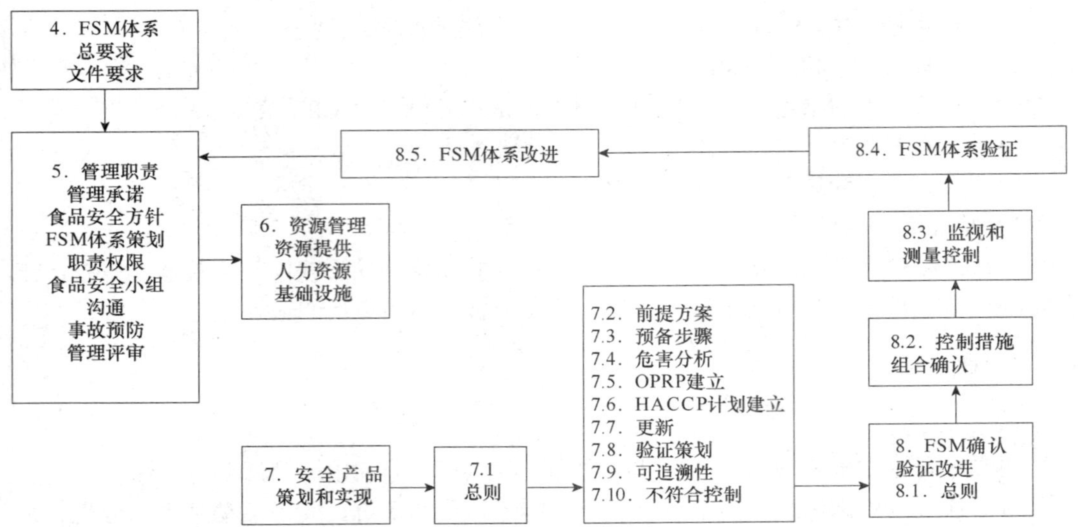

图 3-27　GB/T 22000—2006《食品安全管理体系　食品链中各类组织的要求》结构图

案例一：

某食品企业生产珍珠奶茶饮料，以 GB/T 22000—2006 为标准建立了工厂的食品安全管理体系。审核员在查看配料和添加剂的贮存仓库时发现，配料和添加剂均放置于垫板上，其中甜蜜素、焦糖液、淀粉等包装袋上的标签已经没有了，无法查看到产品的生产日期和保质期限，仓管员及品管检验员说："原箱标签已丢失"。审核员问："如何确保原料在保质期内使用？"检验员回答："使用前仓管员会请我过去肉眼检验一下，一般都没问题"。

案例二：

×××公司乳品厂的 HACCP 计划将鲜奶收购作为 CCP 控制，规定了抗生素指标控制要求。审核员在品控部查阅鲜奶收购检验记录时发现 2016 年 9 月份收购的鲜奶均没有抗生素检验记录。审核员问："为什么没按乳制品企业良好生产规范要求进行抗生素检查？"品控部主任（兼食品安全小组副组长）说："抗生素确实重要，但是这些产品要销售的顾客没有提出要求本厂提供无抗奶粉的订货单"。

案例三：

审核员在对某肉制品的加工车间审核时发现，在该车间人员通道处摆放了五个货架，上面摆放着出炉不久待冷却的香肠，通道处人来人往，车间主任对此回答是生产旺季，冷却间不够用，临时利用通道。

案例四：

一位审核员对某企业审核潜在不安全产品的控制时，受审核方说我们没有潜在不安全产品，因为我们在产品出厂前都做了严格的检验，没有发现过不合格品，如果有问题我们可以给顾客退货。你遇到这种情况应如何做？

【要求】不合格陈述要求准确、全面、合理；不符合条款准确无误，改进建议要求正确、符合实际，有可实施性。审核体会要求讨论食品安全管理体系建立的方法及需要注意的地方。

【说明】

（1）在仔细阅读工作任务要求后，回答引导问题。如果有需要可运用媒体工具作为辅助措施。这些伴随的提问涉及了对于这个工作任务重要的知识领域。

（2）按照工作流程对案例进行分析，描述审核不合格的地方、找出不符合的具体条款、提出改进建议并书写审核体会。

（3）请与指导老师讨论引导问题及任务。

（4）修改审核不合格的描述、不符合条款、改进建议及审核体会并完成。

【引导问题】

（1）你是否了解 ISO 22000 的背景、实施意义、特点？

（2）你是否掌握 GB/T 22000 与 HACCP、GB/T19001 的关系？

（3）你是否掌握 GB/T 22000—2006 的具体内容？

（4）你是否理解 GB/T 22000—2006 的具体条款？

（5）你是否知道如何发现案例中不合格的地方并识别不符合的具体条款？

（6）你是否知道从案例中哪些方面进行改进？

以上问题如果回答不是，请认真查阅教材。

一、工作流程

从本书中认知并查找国标→引导问题的回答→分析案例中不合格之处→找出不符合条款及提出改进建议→总结审核体会→与指导教师讨论→修改草稿→任务完成→检查评估。

二、参考资料

可参阅本书。

三、检查评估

工作任务完成后填写工作任务检查评估表（表 3-15）。

表 3-15　工作任务检查评估表

班级 ＿＿＿＿＿　姓名 ＿＿＿＿　学号 ＿＿＿＿＿　小组 ＿＿＿＿＿　时间＿＿＿＿＿＿

	能力	内容	评分			
			自评（30%）	互评（30%）	教师评价（40%）	合计
能力评测	专业能力	能掌握 GB/T 22000 的基本术语、应用范围、核心内容（10 分）				
		能熟悉 GB/T 22000 的实施步骤（10 分）				
		能掌握企业建立食品安全管理体系的具体方法（20 分）				
		能学会食品安全管理体系的审核技巧（20 分）				
	通用能力	团结协作（10 分）				

续表

能力评测	能力	内容	评分			
			自评（30%）	互评（30%）	教师评价（40%）	合计
		学习能力（10分）				
		分析能力（10分）				
		口头表达能力（10分）				
	小计					

目标检测

一、填空题

（1）GB/T 22000—2006中食品安全是指食品在按照_________进行制备和（或）食用时，不会对消费者造成伤害的概念。

（2）由于________有助于建立有效的控制措施组合，所以它是建立有效的食品安全管理体系的关键。

（3）分析验证活动的结果是_________的职责。

二、判断题

（1）食品链中的组织包括立法和监管部门。（　　）

（2）GB/T 22000—2006仅允许小型和欠发达组织实施外部开发的控制措施组合。（　　）

（3）GB/T 22000—2006标准要求企业必须建立文件化的撤回程序。（　　）

（4）同一危害可以由HACCP计划和操作性前提方案共同来控制。（　　）

（5）必要时，组织可建立且实施可追溯性系统。（　　）

（6）操作性前提方案可不一定编写文件，但需要在组织内有效实施。（　　）

（7）当某确定的食品安全危害的引入或产生，在没有组织进一步干预的情况下，仍能满足可接受水平时，则组织无须要对其进行控制。（　　）

三、单项选择题

（1）ISO22000标准不适用于（　　）组织。

A．添加剂　　B．运输和仓贮经营者

C．零售分包商　　D．卫生主管部门

（2）操作性前提方案是指为控制食品安全危害（　　）所制定的前提方案。

A．引入的可能性　　B．在产品中污染或扩散的可能性

C．或加工环境中污染或扩散的可能性　　D．以上都是

（3）可能影响组织有关食品安全的潜在紧急情况和事故应由（　　）考虑，并证实如何进行管理。

A．最高管理者　　B．HACCP小组成员和技术专家

C．HACCP组长　　D．生产部主管

（4）下列哪些参数是常用的关键限值（　　）。

A．温度和时间　　B．细菌数量　　C．水活度　　D．蛋白质含量

（5）食品安全管理体系的范围包括（　　）。

A．产品或产品类别

B．体系中涉及的产品或产品类别、加工和生产场地

C．产品、加工和场地

D．产品和加工

（6）危害识别应基于以下方面（　　）。

A．预备信息和数据　　B．经验

C．流行病学调查和其他历史数据

D．预备信息和数据＋经验＋流行病学调查和其他历史数据

（7）以下哪种说法不正确是（　　）。

A．食品安全方针和目标一定要形成文件

B．记录是一种特殊类型的文件

C．操作性前提方案一定要形成文件

D．组织一定要编制文件化的食品安全管理手册

（8）在 GB/T 22000－2006 标准中，验证是（　　）。

A．通过提供客观证据对预期用途或使用效果是否得到满足的认定

B．通过提供客观证据对法律法规要求是否得到满足的认定

C．通过提供客观证据对规定的要求是否得到满足的认定

D．通过提供客观证据对客户要求是否满足的认定

单元七　食品安全追溯体系

学习目标

（1）掌握食品安全追溯体系的概念，学习其相关的法律法规。

（2）掌握食品安全追溯体系实施的方法。

（3）学会应用可追溯系统对案例进行分析。

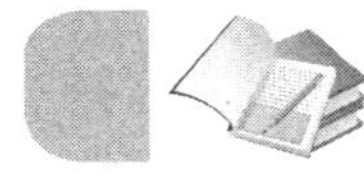

理论知识

一、概述

食品安全可追溯性工作起源于欧盟。自从英国出现疯牛病疫情之后，欧盟就开始食品安全可追溯性的这项工作。为了在欧盟建立和实施食品安全可追溯性制度，欧盟相继出台了一系列的法律法规，以保证这一制度的建立和实施。开始只是针对牛肉产品，继

而扩大到包括水产品、水果、蔬菜、酒类和饮料等越来越多的食品领域。目前，食品安全可追溯性制度的建立和实施已经推广到了欧盟、美国、日本、澳大利亚等全球大部分发达国家和地区。目前全世界已有 20 多个国家和地区，采用 EAN · UCC 系统对食品的生产过程进行跟踪与追溯，获得了良好的效果。联合国欧洲经济委员会（UN/ECE）已经正式推荐 EAN · UCC 系统用于食品的跟踪与追溯。

在欧盟、美国和日本，食品供应链中的所有企业都有实施追溯系统的法定义务。从 2005 年 1 月开始，欧盟（EU）生产的食品和水产品，以及出口到 EU 的食品和水产品等产品的第三国必须建立符合欧盟（理事会）178/2002 号法规要求的实施体系即追溯体系。

欧盟食品主管部门坚信，可追溯性是维护食品安全保护消费者的食品链控制系统中的重要组成部分，如英国食品标准局认为可追溯性具有下面的五个作用：

（1）当发生食品安全事故时，即使有潜在危害的原料来源能被迅速查明或有类似潜在危害的产品进入物流供应链，那么实施召回产品是容易做到的。往回追溯产品的危害源头的能力意味能防止或至少减少类似事故再发生的可能性。一旦发现潜在的有害产品出现，就能够及时识别并将其迅速召回，这样可最大限度地减少对消费者的任何危害。

（2）便于实现食品药物残留监督。因为通过产品可追溯性便于确定供应链上的关键点，在这些关键点上可以提供抽检药物残留水平。

（3）对曝光食品容易进行风险评估。通过信息连接可以提供从农场到餐桌全部的产品历史，以便于对有食品安全隐患的产品原料或成分进行风险评估。在风险管理上，可追溯性是一个必不可少的工具，它可以让供应链中的某个成员快速确定问题的来源，并及时发布信息召回相关产品，因此，可以大大提高商业效率。

（4）可以防止欺诈行为的发生。通过实施可追溯制度，再加上对记录的有规律的检查，可以防止产品原料和种类等方面的欺诈行为。

（5）有助于消费者选购自己需要的食品。由于宗教、种族、伦理或风俗差异的原因，消费者要求知道更多关于产品的信息以作为购买选择的参考，信息包括环境、生态状况、转基因状况、配料和营养数据等。

总之，在现代法规和食品管理系统中，可追溯性已是一个具有广泛意义的概念，它不仅涉及食品安全，还涵盖了包括消费者选购信息在内的其他方面的问题。

二、追溯的定义

关于追溯的概念，系《国际食品法典》较早采用“追溯或产品追查”的说法，在美国则简单地称之为“记录保存”，也有称之为“跟踪与追溯”，追溯是质量管理系统中的一个重要组成部分，并将追溯定义为“回溯目标对象的历史、应用或位置的能力”。

关于“追溯（tracing）”，目前有多种定义。在食品安全领域，“追溯”通常定义为：“通过记录的标志对具体实体的历史、应用情况或所处位置进行回溯的能力”。可以这样描述，追溯是从供应链下游至上游逐个识别一个特定单元或一批产品的来源，即通过记录标志的方法回溯某个实体来历、途径和位置的能力。而另一概念“跟踪”（tracking），则是指从供应链的上游至下游，跟随一个特定单元或一批产品运行路径的能力。可追溯性是在生产、加工和流通各个阶段追溯、跟踪和识别一个单元产品或一批产品的能力。

食品追溯（foodtracing，FT）包含所有类型的食品及相关产品，甚至包括涉及的饲料及牧场供应品，还有包装等与食品接触的产品。食品追溯要求从供应商到零售商的所有供应链环节都要参与并认真履行。

一个可追溯性系统可以由以下组织（要求）组成：

（1）供应商的可追溯性，保证通过记录和文件能够识别所有原辅材料的来源。

（2）加工者的可追溯性，保证能够识别该工厂加工的每个单件产品的配方和过程等。

（3）顾客方的可追溯性，保证顾客能识别出所消费产品的相关信息，必要时可以追溯并获得产品的原始信息。

在实际应用中，一般有两种可追溯性：

（1）内部的可追溯性，在公司内部各产品及其相关信息的可追溯性。

（2）外部的可追溯性，公司接受或提供给供应链其他成员的有关产品信息的可追溯性。

当然，不论在什么情况下，可追溯性只是一种追溯食物特性的能力，即能够识别特指产品和相关记录。但并不意味所有的信息总是能在产品标签上可以看到。在许多情况下，指定产品相关的信息量比使用者要求的信息量要大得多，以至于不能都包括在标签或条码上。

三、相关法律法规

欧盟 2000 年出台（EC）No. 1760/2000 和（EC）No. 1825/2000 号法规，其中（EC）No. 1760/2000 号法规又称新牛肉标签法规，法规要求自 2002 年 1 月 1 日起所有在欧盟国家上市销售的牛肉产品必须要具备可追溯性，在牛肉产品的标签上必须标明牛的出生地、饲养地、屠宰场和加工厂，否则不允许上市销售。

欧盟 2002 年出台（EC）No 178/2002 号法规，即欧洲议会和委员会法规（EC）第 178/2002 号，又称为食品安全白皮书。这项法规的重要部分是：为确保食品安全，把食品生产链（从初级产品到消费者）看作是连续统一体，当然也包括动物饲料的生产与提供。法规第 18 项条款提出了可追溯性要求，即打算或准备加入到食品中的物质必须能够追溯到其供应商和消费者，这是强制性的。投放市场的所有食品和动物饲料都必须有充分的信息标签，以便于身份认证和追溯。第 19 项条款概述了食品贸易经营者的责任。第 20 项条款概述了饲料生产者的责任。第 11 项条款要求从第三国进口并向欧盟出口的所有食品和饲料都应当满足这项法规的要求，或与其对等。尽管这项法规在 2002 年就已生效，但与可追溯性相关的条款在 2005 年 1 月 1 日才正式生效。法规要求从 2005 年 1 月 1 日起凡是在欧盟国家销售的食品必须要具备可追溯性，否则不允许上市销售，对于进口食品，不具备可追溯性的食品禁止进口，而法国已经做到了 100%的牛肉和农产品具备可追溯性。欧盟采用 EAN · UCC 系统对食品进行跟踪与追溯的方法被称为 UN/ECE 追溯标准。

美国 2000 年发布的“公共安全和生物恐怖主义防备和反应法案”要求对食品的生产、加工、包装、运输、分销、接收等供应链环节建立记录保存的法律要求，以实现食品的可追溯性。

日本在国内各种销售场合对牛肉包装推行履历表制度。特别是在各大小超市，所有牛肉包装必须具有八大内容的履历表。这八项内容为：牛肉所属性别、出生年月、饲养地、加工者、零售商、无疯牛病病变说明、检验合格证等。日本在国内销售牛肉的履历制度，是在 2003 年 6 月国会上立法通过的，也称之为“牛肉生产履历表”，并于 2003 年 12 月 1 日式实施。

四、EAN · UCC 全球统一标志系统

EAN · UCC 全球统一标志系统（以下简称“EAN · UCC. 系统”）是以对贸易单元、物流单元、位置、资产、服务关系等编码为核心，集条码和射频等自动数据采集、电子数据交换、全球产品分类、全球数据同步、产品电子代码（EPC）等技术系统于一体的，服务于物流供应链的开放的标准体系。

EAN · UCC 系统的编码体系包括以下六个部分。

1. 全球贸易单元代码（GTIN）

全球贸易单元代码（GTIN）用于世界范围内贸易单元的唯一标志。贸易单元是指一项产品或服务，对于这些产品或服务而要获取预先定义的信息，并可以在供应链的任意一点进行评价、定购或开具发票，以便所有贸易伙伴进行交易。贸易单元应当是符合：

（1）来源相同，收获时间相同。

（2）在同一时间进行加工，而且在同样操作条件下所获得的产品。

区分不同贸易单元的代码取决于公司和它应用的可追溯系统，大多数情况下其身份代码应当是：

（1）对具体的产品来说是唯一的。

（2）简短清晰的识别和记录。

（3）能提供充足的记录，能把特定的产品与其相关的记录联系起来，包括各种单个项目及其不同包装类型的各种形式。通常使用 EAN-13、ITF-14 条码表。

2. 系列货运包装箱代码（SSCC）

系列货运包装箱代码（SSCC）用于物流单元的唯一标志。物流单元是指为了便于工作于运输和（或）仓贮而建立的任何包装单元。每个物流单元分配一个唯一的 SSCC。通常使用 UCC/EAN-128 条码（UCC/EAN-128 是一种应用灵活的条码符号），UCC/EAN-8、UCC/EAN-13、UCC/EAN-14 等几种形式，它能将若干个信息编码在一个条码符号中（图 3-28），或 ITF-14 条码表示。

3. 全球位置码（GLN）

全球位置码（GLN）用于物理实体、功能实体或法律实体的唯一标志，采用 EAN/UCC-13 代码结构，用 UCC/EAN-128 条码表示。

图 3-28　条形码

4. 全球可回收资产标识代码（GRAI）

内容略。

5. 全球单个资产标识代码（GIAI）

内容略。

6. 全球服务关系代码（GSRN）

EAN·UCC 系统的条码符号主要包括：EAN/UPC 条码、ITF-14 条码及 UCC/EAN-128 条码。这套系统由国际物品编码协会（GSI）制定并统一管理，已在世界 100 多个国家和地区广泛应用于贸易、物流、电子商务、电子政务等领域，尤其是日用品、食品、医疗、纺织、建材等行业的应用更为普及已成为全球通用的商务语言。EAN·UCC 系统作为全球的标准体系，具有如下特征：系统性、科学性、全球统一性和可扩展性。

（一）系统性

EAN·UCC 系统拥有一套完整的编码体系。采用该系统对供应链各参与方、贸易单元、物流单元、资产、服务关系等进行编码，解决了供应链上信息编码不唯一的难题。这些标志是计算机系统信息查询的关键字，是信息共享的重要手段。同时，也为采用高效、可靠、低成本的自动识别和数据采集技术奠定了基础。

EAN·UCC 系统以条码、EPC 标签等为信息载体。条码技术由于其信息采集速度快、可靠性高、灵活、实用等特点，在供应链管理中得到了广泛的应用，成为供应链管理现代化的关键的信息技术。此外，其系统性还体现在，它通过流通领域电子数据交换规范（EANCOM）进行信息交换。EANCOM 以 EAN·UCC 系统代码（GTIN、SSCC、GLN 等）为基础，是联合国 EDIFACT 的子集。这些代码及其他相关信息以 EDI 报文形式传输 EANCOM 在全球零售业有广泛的影响，并已扩展到金融和运输领域。

（二）科学性

EAN·UCC 系统对不同的编码对象采用不同的编码结构，并且这些编码结构间存在内在联系，因而具有科学性。

（三）全球统一性

由于美国、欧洲和日本等国家或地区都提出了关于可追溯性系统的法定要求，所以食品安全追溯具有全球性意义，EAN·UCC 系统广泛应用于全球流通领域。可追溯性标准要求供应商开发适当的程序和系统来确保在任何情况（任何地点、任何时间）下，都能通过包装或者产品上的代码标记，确认出产品及其成分和来源，并记录所有供应产品的购买者和运送目的地。EAN·UCC 系统已经成为全球通用的国际标准。

（四）可扩展性

EAN · UCC 系统是可持续发展的。随着信息技术的发展和应用，该系统也在不断地发展和完善。产品电子代码（EPC）就是该系统的新发展。

采用 EAN · UCC 系统对食品进行跟踪与追溯的优点在于，它利用了现有的，并已被广泛应用于全球供应链中的加工业、物流业和零售业的一套完整系统，避免了诸多互不兼容的系统所带来的时间和资源的浪费，降低了系统的运行成本，避免了造成供应链的迟缓和不确定性。

利用条码可以有两种追踪方法：一种是从产品上游向下游进行跟踪，即从农场（食品原材料供应商）→加工商→运输商→销售商→POS 销售点，这种方法主要用于查找造成质量问题的原因，确定产品的原产地和特征的能力；另一种是从产品下游向上游进行追溯，也就是消费者在 POS 销售点购买的食品发现了安全问题，可以向上层层进行追溯，最终确定问题所在，这种方法主要用于产品召回或撤销。

五、食品安全可追溯性系统的实施

（一）建立可追溯性系统的作用和意义

由于追溯系统包含了整个食品供应链中的所有类型的食品及相关产品，对从供应商到零售商的所有食品企业都要求参与，甚至包括饲料、饲料供应者及其他牧场供应极其广阔的发展前景。

可追溯性系统的最重要的功能是在各个供应链中作为沟通和提供信息的工具。应用这种工具，企业可以追溯来找到问题产品的根源和起因，阻止问题并防止其再次发生。在有必要对产品进行撤回或召回时，也可以通过这个系统找到已经发售的产品。

建立可追溯性系统可以实现很多用途，发挥有益作用，具有以下所列的现实意义：

（1）确保产品撤回和召回的高效性，保护消费者。

（2）通过控制受影响产品的范围和提供追溯工具，最大限度地降低某部分产品召回对其他相关产品的不良影响。实现对有问题的部分产品（例如某个批次产品）的召回，可以避免整个商品系列或品牌受牵连，从而降低部分问题产品对整个企业品牌的负面影响。

（3）通过对产品进行正确的分离和明确的标志，在产品召回的过程中，保证无关产品不受影响。

（4）解决在食品供应链各个环节中发生食品污染或投毒的问题。

（5）使食品行业有能力及时确定和召回可能存在安全隐患的产品，增强消费者的信心。

（6）提供企业内部物流和质量的相关信息，提高效率。

（7）创建信息的反馈循环，提高产品质量、生产条件和运输效率。

（8）提高物流过程中的透明度，提高供应链效率，加强交易合作伙伴之间的协作。

（9）对企业、消费者、政府检查部门、财务和技术审计部门提供可靠的信息。

（10）有助于建立针对具体问题的负责机制。

（11）实现对公司和/或品牌的保护。

（二）可追溯性系统的实施

企业可追溯性系统的开发和实施，要求企业的多个部门都要参与其中，除食品质量或安全主管部门外，至少还要有物流和IT等相关部门参与。

实施产品可追溯性系统可能会需要一笔不菲的投资，具体要视公司实施范围和基础状况而定。可追溯性系统所能够带来的效益在最初并不明显，所以这个开销应被视为长期的战略投资，因为它是与消费者满意度、公司形象以及消费者在购买产品时对产品的信任度相联系的。企业在部署追溯系统时应全面考虑能够获得多少效益，应该对具体的效益以及追溯系统能够控制的风险进行分析，还应该进行成本（效益）分析。

实施产品追溯至关重要的是，确定详细的产品规格和批次（或批量）规模。批次规模可以按照生产（运行）时间、批量或有效期来确定。

一般情况下，追溯某个产品或小批量产品的详细信息会增加追溯系统的成本。针对大批量产品进行追溯可以降低成本，但是会增加风险，因为如果发生了问题，将会有更多的产品受到牵连。正确的做法是根据成本（效益）分析，在当前和未来成本之间找。到理想的平衡点。在设计追溯系统时，应该将这些分析考虑在内。

为零售商和食品生产商推荐最合适的通用的追溯型是非常困难的，因为各家企业的具体情况各不相同。以撤回为例，零售商不会只将尽可能少的一部分产品撤离货架，而是采取撤回所有类似产品的方式，这种方式对零售商来讲是一种效率更高的方法，可以避免在店铺内发生的错误，使消费者能够确信一切都在控制之下，而对食品生产商来说则不希望这样。

1. 企业内部可追溯性系统的建立

1）产品识别代码

产品识别代码编码的主要原则是：把在工厂操作中用到的不同来源的信息联系起来。

因此，如果有必要最好把产品在工厂中的历史记录建立起来。产品记录链接的方法要取决于工厂所运行操作的类型和它保持的记录，比如在最简单的代码系统中，每一批原材料都配给了一个独一无二的四位的号码，这个号与对材料进行全面描述的购买记录相关。但它有一个明显的缺点就是当得不到购买记录时，这个四位的号码不能提供给生产线上的工人任何相关的细节信息。还有一个可供选择的办法是用字母-数字替代码可以提供更多更直观的信息，能够更方便的识读信息。

2）数据管理

可追溯与信息管理是直接相关的。产品和信息应保持一致，即当产品完成一种加工处理，紧接着相关联的信息也要进行相应的变换。常见的数据处理方式有以下几种：

（1）转移（图 3-29）。这是最简单的处理方式。对这种方式来说，在加工过程中产品身份代码的传递是至关重要的。如鱼片加工处理。从标有批身份代码的鱼箱中取出整鱼，经切片加工处理后，鱼片装入干净的另一鱼箱里。那么，原来的身份代码也要跟着转移到新箱子上，或者以条形

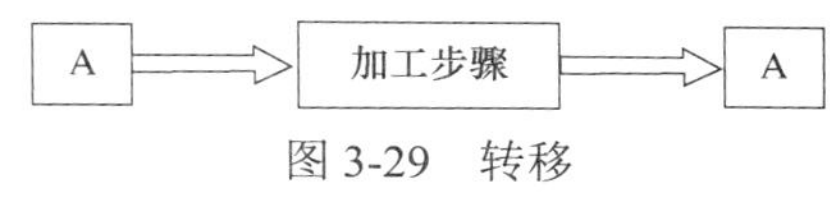

图 3-29　转移

码的形式，新旧箱都要进行扫描，以便链接产品身份，这对可追溯性来说是至关重要的。

（2）添加（图 3-30）。如果在加工过程中添加了其他的成分，尽管在加工记录上需要明确添加成分的身份代码，但由于这种身份代码还是唯一的，因此可以继续使用。

如腌制操作。经过这一步加工处理，尽管加工记录中增加了腌制盐水所用盐的身份代码（包括盐度和腌制时间等），但是鱼原有的身份代码可保持不变。

（3）叠加（图 3-31）。一个加工过程结合了多个可追溯单元（批），每一个可追溯单元都有各自的身份代码。在这种情况下，就要为新的贸易单元确立一个新的身份代码，并需要详细地记录所有成分单元的身份代码。

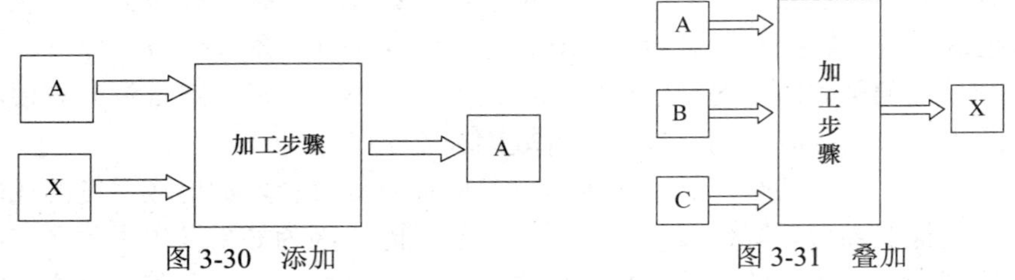

图 3-30　添加　　图 3-31　叠加

（4）分离（图 3-32）。一个可追溯单元（批）被分离，分别用于不同的处理过程或产品。在这种情况下，分离开的每一个单元都要分配一个新的身份代码，以便它们在下一个处理步骤中能够被识别。

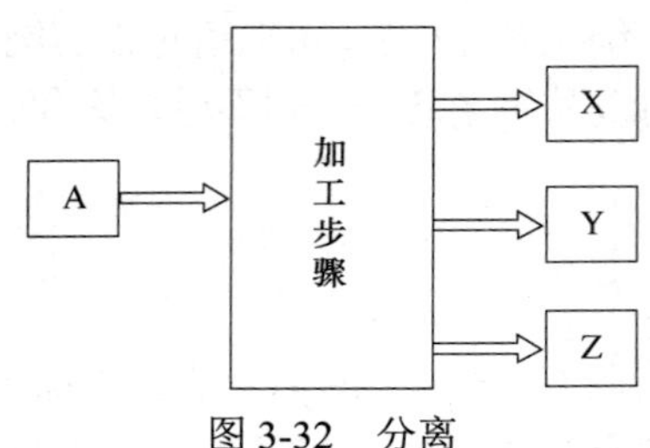

图 3-32　分离

例 3.1：相同来源的鱼，在送到冷冻机的时候具有相同的身份代码，但如果冷冻后要被分为三批，那么就应当记录下这批产品的原身份代码（A）和冷冻后分配的新的身份代码（X、Y、Z）。另外，还有必要记录下冰冻开始的时间，因为这样做可以明确贮存的时间。

例 3.2：返工。因为返工材料与其他没有被返工材料是不同的，因此需要分配新的身份代码或在原有代码基础上进行修改，而且要在以后的所有加工记录中都要有体现。

需要注意的一点是，可追溯性系统并不是要求与特定批产品相关的所有信息都出现在标签上，而是能够链接并获得必要的信息，完成这个链接的就是每批产品特有的批代码。

3）可追溯性的评价

确定了产品识别代码和记录之后，接下来需要评估这个系统是否能够使可追溯性贯穿整个公司。

在建立了企业内部可追溯性系统之后，下一步是实现食品流通供应链追溯能力。在整个供应链中有效处理撤回和召回事宜需要可靠的数据，进行数据交换的能力以及优化的业务流程。优秀的企业内部追溯系统是实施供应链追溯系统的先决条件。在内部追溯系统中投入的资金，对实现供应链追溯具有重大的作用。所有优秀的供应链追溯软件，都应该能够同任何内部系统实现无缝集成。

2. 实现产品的可追溯性实例

下面以一个蔬菜加工厂如何实现产品的可追溯性为例，说明可追溯性系统的建立。

（1）对确定种植的自属基地和契约基地在种植前报检验检疫局备案，同时按照沟、渠等天然的设施划分成若干块地块，并对每一地块进行编号。公司可根据检验检疫局的备案号和划分的地块号以及基地管理人姓名（可用拼音缩写）来确定地块代号。

（2）种植栽培过程的农药和肥料的使用及作业过程记录，都要写上已确定的地块代号。采收时采购人员应根据采收日期和地块代号，在运输单上写明原料名称、采购员、采购数量、运输车辆车牌号以及采购日期、地块代号和车次号。

（3）原料到厂后，生产部门根据运输单上提供的采购日期、产地代号、车次等可追溯信息编制产品的追溯代号，并按追溯代号做到分别堆放和标示。

（4）车间进行加工时，根据追溯代号和进厂的车次，做到不同地块、不同车次的原料分开加工，并在各生产加工过程中明确记录。

（5）在半成品包装时，把基地备案号、生产日期、溯源号等可追溯的信息写在小标签纸上，并粘贴在代用箱上。

（6）进库时按同一溯源号、同一生产日期分批堆放；成品包装时，在外包装箱注明基地备案号、保存期限、生产批次、溯源号等内容，内袋打上溯源号、保存期限等内容。

（7）销售单据或出货明细上也应写明生产批号、生产日期（或保存期限）、溯源号，以达到追溯的目的。

另外，整个生产加工过程中牵涉到的检验过程，如采购前的基地农残抽检、半成品检验、成品检验等，均应在检验记录上写明地块号、溯源号、生产日期等信息。

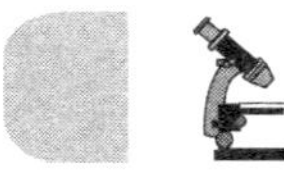

工作任务

食品安全追溯系统学习交流

【任务目标】学习食品安全追溯系统的内容，各小组进行学习讨论与交流。

【要求】

（1）充分理解食品安全追溯系统重要作用、定义。

（2）熟悉可追溯性系统的实施过程。

（3）了解 EAN UCC 系统在食品中的应用。

（4）能充分阐述本小组观点，论点正确，论据充足。

（5）能结合实际案例论证观点。

（6）准备充分，语言简洁，态度积极。

（7）发扬团队合作精神。

【议题】

（1）你知道食品安全追溯系统有什么作用吗？

（2）你能结合新西兰“恒天然”奶粉事件探讨一下食品安全追溯系统的重要性吗？

（3）你认为中国食品企业应该如何建立先进的食品安全追溯系统？

（4）你能谈谈食品安全控制技术对于各国的食品加工企业有怎样的意义？

【背景材料】

2013 年 8 月 2 日新西兰最大的乳品企业恒天然对外披露称，在 2013 年的 7 月 31 日，公司发现 38 吨浓缩乳清蛋白粉可能被肉毒杆菌所污染。

浓缩乳清蛋白粉，简称 WPC80，这项原料可以生产婴儿配方奶粉、成长型奶粉，以及运动型饮料。据恒天然 CEO 西奥・史毕根斯介绍，这些被污染的原料是在恒天然位于澳大利亚 HAUTAPU 工厂里的三个批次的产品里面发现的。

关于肉毒杆菌，国内已有卫生领域的专家指出，这是一种生长在常温、低酸和缺氧环境中的革兰氏阳性细菌。肉毒杆菌在不正确加工、包装、贮存的罐装食品或真空包装食品里都能生长。肉毒杆菌食物中毒在临床上以恶心、呕吐及中枢神经系统症状如眼肌、咽肌瘫痪为主要表现，中毒者如抢救不及时，病死率较高。被肉毒杆菌污染的食物需要在 120℃加热 10 分钟后才能被消灭，而家庭在冲泡奶粉的时候往往使用的都是温水，因此起不到相应的杀菌作用。

随着时间的推移，“毒奶粉”事件的波及范围越来越广，据目前最新公开资料统计显示，此次“毒奶粉”的涉事品牌及公司总共包括：娃哈哈、可口可乐、多美滋、可瑞康、雅培、牛栏、上海市糖业烟酒集团、Vitaco 饮料公司以及三家位于大洋洲的动物饲料公司。

此次恒天然发现的受污染奶粉源于 2013 年 3 月的一次检查。恒天然在这次检查中发现，三批次 2012 年 5 月生产的特殊类型浓缩乳清蛋白梭菌属微生物指标呈阳性。

终于在 7 月 31 日的时候，恒天然方面证实其中有一个样品存在着具有毒性的肉毒杆菌，8 月 2 日，恒天然公司将相关的信息披露给了公众。这个消息很快传到中国，并同时引发了国内消费市场的强烈愤慨和质疑。

面对这个全球最大的奶粉进口市场的愤怒，即便是掌控新西兰 90%奶源的恒天然也无法熟视无睹，三天之后，西奥・史毕根斯——这位恒天然公司的最高管理者以“救火队长”的身份出现在了北京。他说：“我们知道问题出现的根源，这个微生物是在新西兰北岛中部的一家工厂的管道里发现的，出现问题的管道其实是一个供临时使用的管道，对于这个管道我们有常规的清理，但是因为它不常使用，所以当时这个管道存在着清洁不彻底的问题，导致 38 吨的浓缩乳清蛋白里含有肉毒杆菌。”

“我们汲取了教训，已加大对于新西兰境内各项工作的进一步检测，进行反复多次的核实，避免相关的问题重蹈覆辙……当务之急就是要确保公众的安全，我们也正在和政府以及客户（奶粉品牌商）一起限制这项事件所造成的负面影响程度。”西奥・史毕根斯表示。

自 8 月 5 日开始计算，恒天然集团承诺，将在 48 小时内“启动召回和进行召回措施”，但至于何时完成所有召回，仍需要一个过程和时间。

一、学习交流任务流程

仔细阅读学习交流任务书→任务分工→查阅资料、学习教材、分析案例→整理资料→制作 PPT→准备发言→交流活动。

二、检查评估

学习交流任务完成后填写表 3-16 和表 3-17。

表 3-16　学习交流任务分工表

班级 __________　姓名 ________　学号 __________　小组 __________　时间 __________

序号	工作内容	完成时间	责任人	小组任务分工
				网络资料收集
				刊物资料收集
				资料整理、分析案例及议题的回答
				PPT 制作
				小组交流

表 3-17　学习交流任务评估表

组别	序号	项目	要求	分值/分	实得分	总分
		议题回答	回答准确全面	40		
		分析能力	积极思考，思路新颖	30		
		现场表现	语言流畅，表达清晰	20		
		整体合作	团队协作，配合默契	10		

目标检测

填空题

（1）食品安全可追溯性工作起源于__________。

（2）可以这样描述，追溯是从________下游至上游逐个识别__________或__________的来源，即通过记录、标示的方法回溯某个实体来历、途径和位置的能力。

（3）食品追溯包含__________的食品及相关产品，甚至包括涉及的__________供应品，还有包装等与食品接触的产品。食品追溯要求从_________到_________的所有供应链环节都要参与并认真履行。

主要参考文献

贝惠玲，2010．食品安全与质量控制技术．北京：科学出版社．

蔡健，徐秀银，2009．食品标准与法规．北京：中国农业大学出版社．

曹斌，2006．食品质量管理．北京：中国环境科学出版社．

陈宗道，刘金福，2006．食品质量管理．北京：中国农业大学出版社．

成晓霞，张国顺，2009．食品安全控制技术．北京：中国轻工业出版社．

冯叙桥，2006．食品质量管理学．北京：中国轻工业出版社．

李波，2007．食品安全控制技术．北京：中国计量出版社．

陆兆新，2004．食品质量管理学．北京：中国农业出版社．

南海娟，2007．食品质量管理．北京：化学工业出版社．

吴广枫，2004．食品质量管理：技术-管理的方法．北京：中国农业大学出版社．

杨国伟，夏红，2010．食品质量管理．北京：化学工业出版社．

苑函，2011．食品质量管理．北京：中国轻工业出版社．

曾庆祝，冯力更，2008．食品安全保障技术．北京：中国商业出版社．

张晓燕，2006．食品卫生与质量管理．北京：化学工业出版社．

张智勇，何竹筠，2006．ISO 22000 食品安全管理体系认证．北京：化学工业出版社．